圖解 2603種 機械裝置

湯瑪斯‧沃特‧巴柏 著
王羿筑、連聰政 譯

U0014516

The Engineer's Sketchbook

傳遞機械設計知識與經驗的火種

國立台灣大學機械系教授 李志中

　　自古以來，人類創造機器應用在日常生活當中，最主要便是要達成省時省力的目的，因此早期所創造出來的機械裝置，多半是基於力學原理，使人用力寡而作功多。後來，人類的科技愈來愈發達，機器的發明也愈來愈多樣，例如，可將電磁轉換為動力的電動機，及可將化學能轉換為動力的內燃機引擎等裝置。然而不論是古典的機械裝置或是近代的機器，其中仍然需要一些基本的機械構件，像是連桿、齒輪、軸承、滑軌、彈簧等，這些構件，按照發明者給予合宜的方式結合，遂產生了新的機器，達到應用的目的。

　　機械構件是組成機器的部件，因此這些構件的設計無疑是對一個好的機器有重要的影響。現代機器的種類繁多且構造也愈來愈複雜，要如何使用一些機械構件，快速且有創意的從事機械設計，已成為設計者或發明者重要的能力之一。再者，如何從人類過去使用各樣機械構件的經驗上，習得當中的知識和傳承，亦是設計者的一大課題。另一方面，對於知識的傳遞者而言，如何從大量使用機械裝置的知識和經驗中，有系統地整理並傳遞相關的訊息，好使後繼者可以繼承，也是一大挑戰。這亦是本書原作者的初衷，希望藉由他對這些機械構件和裝置有系統的紀錄、編輯及說明，可以讓設計者減少尋找細節的過程和靈感不足的痛苦。

　　這本書最大的特點之一，是收集了大量機械裝置的組件及其衍生的裝置，這些裝置，在工程實務上已被驗證過，是可被施作的設計，也就是所謂的前人所累積的智慧和經驗。此外，作者為其歸類並命名，使用者可按其構件的名稱，快速翻至當頁，查閱是否有需要的機械構件。作者以簡單易懂的圖示呈現了各式機構的外觀，並在旁頁附有其功能說明，使得讀者能明瞭構件的用途。機械設計是一門實用的科學，經驗的傳承可以幫助設計者少走不必走的路，一本內容充實、說明清晰的圖集，可以讓設計者減省許多查閱相關資料的時間。相信這本書可以成為給機械設計人員的一本實用參考手冊。

前言

　　每位成功的工程師都是天生的發明家；從實務面說，工程師的日常工作中，有大量內容是依據前人經驗來規劃和發明全新或改良的過程、方法和細節，以完成工作，並簡化或降低舊有機械形式的價格和生產成本，以利與其他可能同樣善於創新和進取的工程師競爭。

　　在設計機械工作上，製圖員主要必須依賴自身記憶來激發靈感；若靈感不足，通常會費勁地閱讀大量書籍來尋找相關細節或動作，以達到特定目的。因此，幾乎每位工程師都會陷入一個困境，就是產品常帶有明顯特定經驗和訓練痕跡。

　　我在這個領域有二十五年的經驗，發現現今對相關書籍的需求。因此我努力透過私人筆記和草圖，來補充自身實踐上的不足，並彙整雜亂內容；而在明顯出現選擇和安排困難後，我開始分類這些內容，就如後續書頁展現的。我在難得的幾週空閒裡完成了本書，並加入許多補充內容擴大本書範圍。現在，我希望能透過本書，對參與機械設計這項累人且令人頭痛、需要費盡心思的工作者，提供相同參考內容；我想沒有任何腦力工作會比這更加疲憊和令人焦慮。許多珍貴作品已被廣泛使用，其中不乏令人欽佩的備忘錄、規則和資料集結，用於設計及平衡許多機器的結構性細節。後面書頁中想要達成的目的，據我所知，與任何現有資料都不一樣。這個目的就是提供能相互對照的示意草圖，以說明完成任何特定機器動作或工作的各種方式，並以簡單易懂的形式呈現，刪汰無用的細節和詳析。對實作者而言，若要確實執行草圖內容，便需要附有描述的對開本，這也是我以此方法處理這些書頁的原因。基於相同原因，為不同草圖增加任何有關強度或尺寸的規則或表格，不會是受歡迎的做法；但那些內容卻可能出現在許多知名書籍中。

　　誠摯感謝且願接受任何建議或補充。

3

目錄

目錄

第一部分

第 1 至 106 節

（延伸內容請見第 244 至 337 頁）

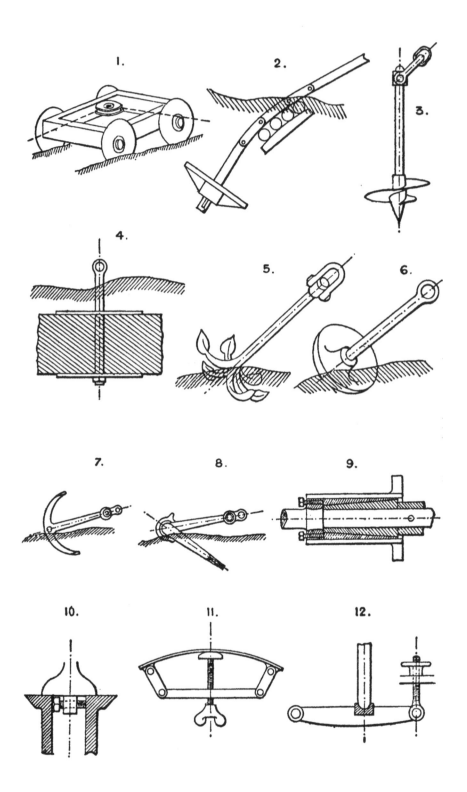

第 1 節 錨定

1. 繩索滑輪錨——此推車將車輪陷入地上，以緊抓地面；用於耕作滑車。

2. 錨板——埋在大量磚石結構底下的土地中，用於連結固定拉繩、牽桿等。有時使用方法是將框架或板子放在地上，並以壓載物壓住。

3. 螺絲繫泊設備，以螺絲拴入地下。

4. 沉入地下的沉重石頭，並附有一個環；或以類似方式放置大量混凝土，用於牽繩、拉桿以及基礎螺栓附件。

5. 多爪錨。

6. 蕈形錨。

7. 雙爪錨。

8. 馬丁（Martin）的專利錨，附有轉動錨爪。其他一些專利錨亦為該類型的改良形式。

有時候會使用樁桿，無論其是否有凸緣、方向是垂直或水平，皆會使用；凸緣是用來承受繩子的截面應變（strain）等。柵欄門柱桿、門柱、樹用樁以及網球柱都屬於此類。

第 2 節 調整裝置

若要了解以「螺絲」和「楔子」調整的物件，分別見§78*和§36。這些是最常用的設備。若要了解「凸輪」相關設備，見§9。調整後的黃銅基座，請見§46。
以鑰匙、插銷等調整的物件，見§37。同時亦見#251、269和297。

9. 分裂圓錐套筒和固定螺絲調整器，適用於旋轉的標準或相似細節，其旋轉軸承需要更高的耐用度或精確性。

10. 中心線調整裝置，適用於車床軸承的等。

11. 可變的弧形調整裝置；用於圓鉋、畫圓弧的儀器等。

12. 立軸步伐調整裝置；裝載於磨石機、水平粉碎機等，用來調整各研磨面間的空隙。見#261。

註：以下皆以§號表示「節」；#號表示「裝置／專利號」。

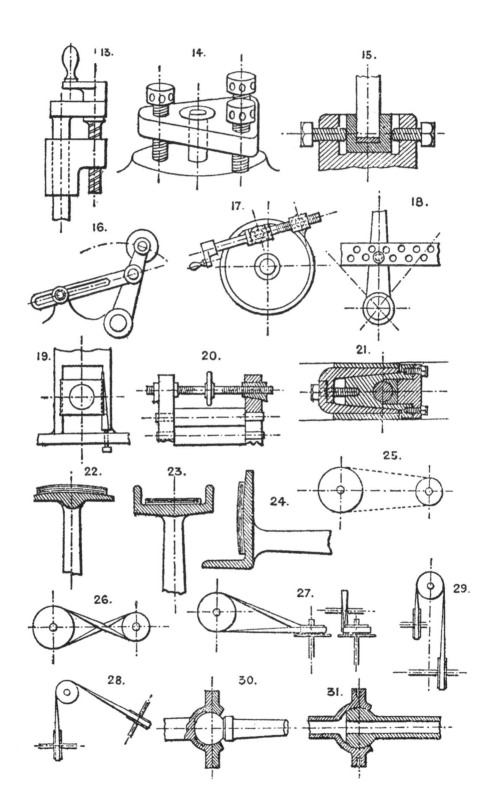

13. 側面螺釘調整裝置，用於注射器、噴射泵等等。

14. 水準調整裝置；可與 3 或 4 個螺絲釘共同使用，用於望遠鏡和水準儀、經緯儀等等。

15. 水平中心調整裝置，用於調整步伐等。

16. 有槽連桿和鎖緊螺帽，用於調整控制桿的角度。

17. 圓盤和環，附有以螺絲釘和螺絲帽調整的偏角調整裝置，用於螺絲絞板、自定中心夾頭等等。螺絲的螺帽和軸承具有旋轉空間。

18. 銷孔調整裝置，用於槓桿或類似的細部工具。

19. 油楔軸承，用於機車喇叭片導軌、滑桿，以及易磨損的相似零件。

20. 左、右螺絲和楔塊調整裝置，用於滾柱軸承等等。

21. 磨損調整裝置，用於引擎十字頭，以處理工作面的磨損。

調整式起重機平衡配重，見§18。

調整式V形導軌，見#700和#704。

第3節 皮帶傳動裝置

使用的材料有：皮革、棉花、馬來橡膠、印度橡膠、帆布、駱駝毛、羊腸線、扁線、麻繩、鋼帶和蓋板鏈條等等。

22. 一般皮帶輪，在表面上「加頂」，以將皮帶維持在滑輪中心。

23. 雙邊法蘭型滑輪，表面平整，如#22 所述，有時會「加頂」。

24. 單邊法蘭滑輪，用於水平驅動。

25. 開口皮帶傳動裝置；圖解所示為最好的運作方式，皮帶鬆弛的半部位於頂部。

26. 交叉皮帶，使從動軸反向運動。同時也使皮帶比開口皮帶有更多抓力。

27. 傳動模式，當雙軸呈直角時即為此模式。

28. 傳動模式，當雙軸呈鈍角時即為此模式，有時會用來代替傘形齒輪。

29. 滑輪無法互相配合時採用的配置，或滑輪彼此間太過接近，無法直接驅動時，也會採用此配置。短皮帶很少能順暢運作。

通常會安排皮帶通過數個滑輪下方和上方，以使用單一皮帶驅動數支輪軸。

若要了解反向皮帶齒輪，請見§74。腸線環帶在V形槽滑輪上作用；請見§66的繩索傳動。可以藉由張力滑輪保持緊繃，請見#1207。若要了解圓帶，請見§66的繩索傳動。偶爾會使用V形皮帶，此皮帶的組成是將皮革最厚的部分鉚接在一起，裁剪為V形剖面，然後在V形槽滑輪上作用。

第4節 球窩接頭

30. 萬用鉸鏈可以透過固定壓蓋來將支臂調整至任何需要的位置。對以任何姿勢展示物品的支架、望遠鏡等而言，十分實用。

31. 管接頭，功能相似。

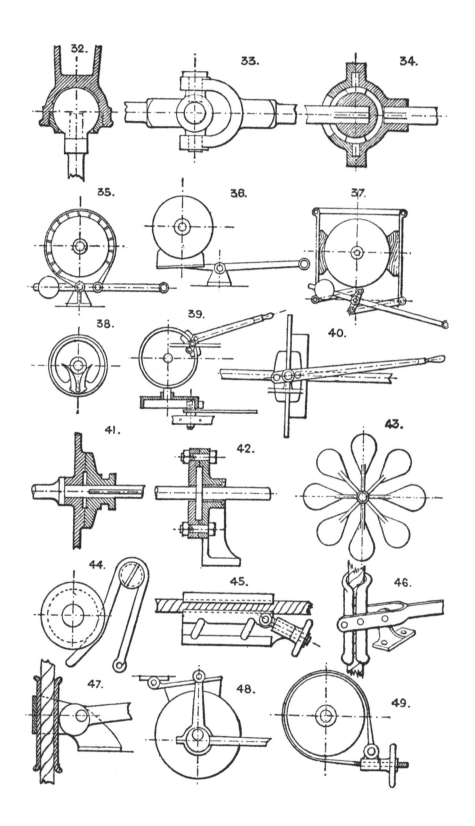

32. 與#16相同，但配有螺絲壓蓋。如果沒有與支臂搭配使用，這個裝置就只是用來組成一般圓型球輪。

33. 及**34.**虎克博士（Dr.Hooke）的萬向接頭。見應用裝置#202。亦見#1359和732。

氣體吊塔是透過類似#31的接頭懸吊，但只能以有限角度運動的球輪會被切剩一段。

第5節 煞車和減速裝置

用途是減速或停止動作（無論是旋轉或直線動作）

35. 皮帶和槓桿煞車。皮帶通常表面是木材或皮革，但有時也會以其他材質加工而成。木材可能會產生噪音，皮革則能提供最佳抓力。若容易變得油膩或潮濕，則鐵包鐵或木包鐵都不安全。

36. 塊狀和槓桿煞車。使用木頭或鑄鐵塊。

37. 複合材料塊和槓桿煞車；避免軸上截面應變，此裝置通常用於風力工程等。

38. 內部肘節煞車，裝置於摩擦離合器上。見§15。內環旋轉鬆置於外環中並分開，肘節配置方式如圖示，內環持續擴大直到鎖死外環。

39. 及**40.**輪圈上的雙輪和槓桿煞車能抓緊拉桿和顎夾間的輪圈。本身即具有拉力。

41. 碟式煞車； 此形式需要有大量端部壓力，且必須配置在軸的軸承部位。

42. 複合材料碟式煞車。可裝置多個碟盤，在軸的凸起部分上滑動。

43. 風扇煞車；可以在空氣中開放式運作，或封閉在鼓中，以在水、油或其他液體中運作。（艾倫〔Allen〕的專利調節器等。）

44. 彈簧煞車，在小型槽輪上運作；為了輕量化。

45. 繩索煞車（rope brake）或握柄，配有撥動開關和鬆開用的螺絲。

46. 繩索煞車：隨著槓桿端部下降，顎夾中心角距變小而形成抓力。

47. 繩索煞車；伴隨凸輪桿動作夾緊。

48. 離心動作槓桿和塊狀煞車。偏心輪固定在煞車槓桿上。此設計也能避免軸上截面應變。

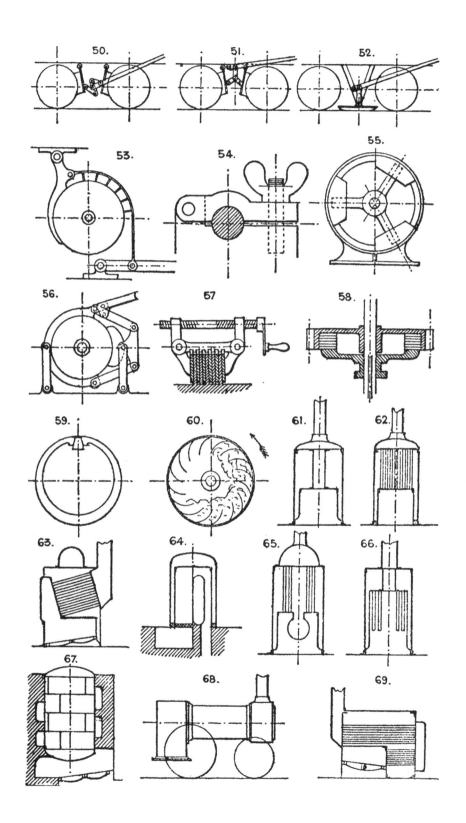

49. 皮帶和螺桿煞車。

50.、**51.**及**52.**車用煞車的三種形式。亦請見常見的「煞車滑行」或推車煞車。

53. 組合式皮帶和檳桿煞車。（費爾登式〔Fielden's〕）

54. 軸握柄（shaft grip），又稱煞車（brake）。

55. 離心式煞車（centrifugal brake），又稱離合器（clutch）。載重部分因離心力驅動而與環圈接觸。彈性裝置則可用來收回載重部分，使其不再接觸。

56. 三段式複合式煞車：從四周抓住輪子。

57. 複合式桿狀煞車，附有左、右手螺絲握桿，用於重型槍用壓縮機上。

58. 複複合式環狀煞車，與#57原理相似。見#41的註解。

59. 楔子和開口環，用於內部煞車環或離合器，使用方法與 **#88** 相似。

60. 空心鼓，具有輻射狀挖槽，其中一半填注鬆散物質、水或水銀等等，以透過重量和鬆散物質的摩擦力來減緩鼓的運動。

液壓缸和活塞常被用來做為往復運動的煞車或減速裝置，水會透過可調整閥門，從活塞的一側流向另一側。摩擦力煞車做為測力計使用，以表示機器任一部分釋放或吸收的力量。自動煞車（見 §15 和 §69）供起重機等機械使用。

以硬毛或金屬線組成的刷子，是做為環型或直線運動的減速裝置使用。

第6節 鍋爐類型

各種形狀的槽或容器皆可用來做成鍋爐。許多較老式的類型現已廢棄不用，但以下所列之類型是最常用的鍋爐類型：

●立式鍋爐

61. 一般中心煙管鍋爐。中心煙管四周有時會環繞多條管子。

62. 立式多管。

63. 立式鍋爐，具有斜管和煙箱。

64. 立式回焰煙管。

65.「鍋式」鍋爐。

66.「場式」鍋爐；具有懸吊管和內部循環管。

67. 立式蛋型端鍋爐，具有螺旋煙管。大型立式鍋爐有時會有十字煙管或大型管路。

●臥式鍋爐

68. 可攜式「火車頭型」多管。

69. 固定回流管。

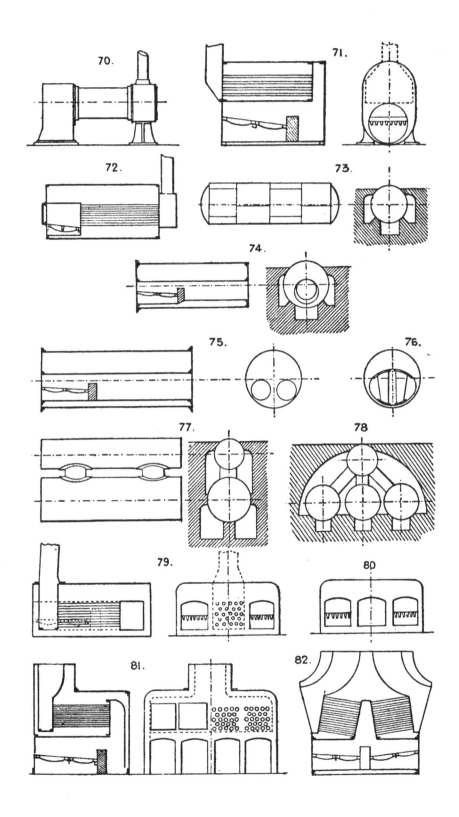

70. 固定「火車頭型」多管；此為最受歡迎和有用的形式，能產生良好結果，且易於清潔。

71. 固定「火車頭型」，下方具火箱；有時會用來節省空間，屬於自足式鍋爐，通常採用鑄鐵腳架。

72. 多管——臥式；自足式鍋爐；且是鑄鐵腳。

73. 蛋端型鍋爐；不常使用，只在煤炭每小時燃燒產生的馬力數不是重要考量時，才會使用此類型。

74. 「科尼氏」（Cornish）鍋爐；一個煙道，並有放大的火箱管。此類型通常以平行煙管製成，其上有以一定間隔固定之十字管路。

75. 「蘭開夏」（Lancashire）鍋爐；有時會有放大的火箱管，如#74 所示。

76. 橢圓煙管鍋爐，具有「加洛威」（Galloway）管。蘭開夏型經常透過將兩條圓形煙管整理成一條橢圓煙管，以與此類型結合。

77. 及 **78.**「象形」鍋爐；會與煉焦爐和其他廢熱源一起使用。

●船用鍋爐

79. 一般盒狀形式，具有內部火箱和回焰煙管。

80. 相同類型，但有兩個火箱和多管回流管。

81. 下方火箱以及火箱上的多管回流管，有時會重複，如 #82 所示。

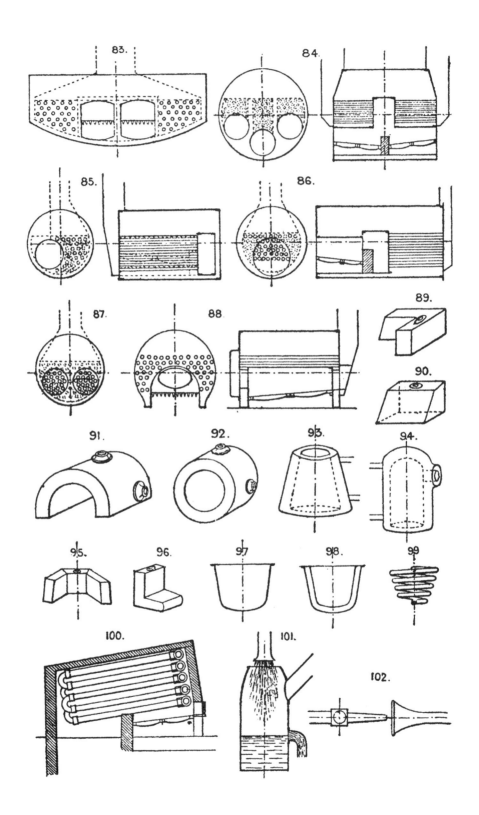

83. 具有兩個中心火箱和側邊回流管。由於前述箱型配件不適用於複合式引擎主要使用的較高壓力，因此迅速遭到停用。

84. 筒形鍋爐，具有三個火管和三組回流管。此形式很常使用，需要保持在水面上的部分很有限。此鍋爐以圖上所示之雙火箱製成，或以如# 81 所示之單火箱製成。

85. 筒形單煙管和回流管。

86. 筒形單煙管和多管。

87. 筒形雙煙管和多管，縱向部分與#86相似。

88. 筒形鞍形鍋爐，多管式，用於淺水船、發射下水等。

● **家用鍋爐**

89. 廚房「肘管」鍋爐。

90. 廚房鍋爐（kitchen boiler），又稱背式鍋爐（back boiler），適用於一般壁爐爐架。

91. 「鞍形」鍋爐。此類鍋爐的變化類型很多。製造商在此類別中新增各種想像得到的架橋、水路、管路和煙管。見格雷姆（Graham）和弗萊明（Fleming）先生以及其他製造商的清單。

92. 環形筒狀溫室鍋爐。

93. 環形圓錐狀溫室鍋爐。

94. 立式環形封頂式溫室鍋爐。最後四項是最常用的溫室鍋爐類型。通常以鍛鐵和無縫焊方式製成。

95. 背式鍋爐，供柵欄式壁爐爐架使用。

96. 「靴式」鍋爐。

97.和**98.** 洗碗槽式鍋爐（scullery boiler），又稱洗衣槽式鍋爐（wash-house boiler），以蒸汽加熱。在公共洗衣店中，通常會規劃成矩形。

99. 盤管鍋爐，供小型溫室等處使用。

100. 分節式鍋爐（sectional boiler），又稱「管狀」鍋爐（"Tubulous" boiler）。路特（Root）和其他類型皆以此為設計原則，以簡單的管子和 T 或 L 型零件構成，且通常會拴在一起。

第 7 節 **鼓風和排氣**

有些機械鼓風機十分知名，因此無需在此進行圖解，例如用於高爐的一般樑式鼓風引擎（beam blowing engine）。直立式鼓風引擎以及臥式鼓風引擎。這些引擎中的鼓風裝置皆由汽缸和活塞組成。幾乎所有旋轉式的引擎（見 §75 ）皆可以逆轉為鼓風機。請見路特（Root）#1307、和貝克（Backer）的 #1325 專利，以及其他常見的裝置。風扇、離心（見#1337）仍是最常見的鼓風機，且尤其適合處理低壓和大量的空氣；但是對於每平方英吋 1/2 磅以上的壓力來說，旋轉式或汽缸式最佳。以下是較不知名但有時十分實用的裝置：

101. 水風筒（trompe），又稱水力鼓風機（water-jet blower）。受到壓力的水流會通過一個蓮蓬頭流入漏斗的進水口，並挾帶一些空氣（見§45）；溢流的水會排出，空氣則會由管子導引出去。

102. 蒸汽噴射鼓風機。（見§45。）

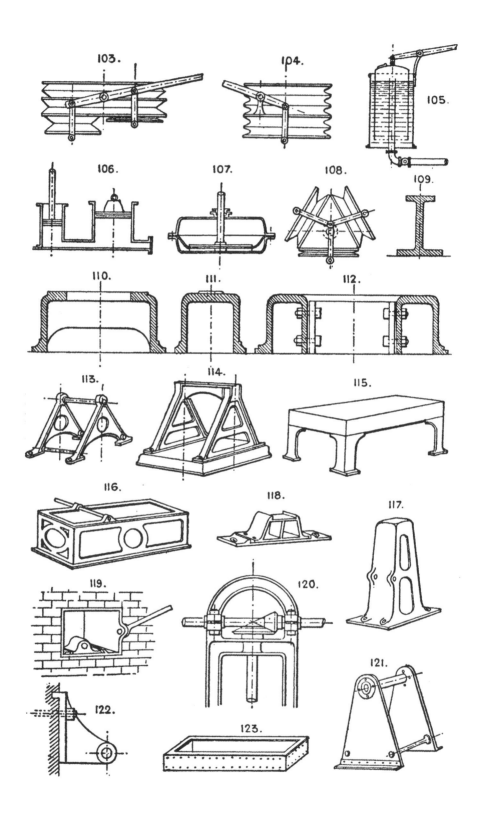

103.

104.

105.

106.

107.

108.

109.

110.

111.

112.

113.

114.

115.

116.

118.

117.

119.

120.

122.

123.

121.

22

103. 風琴風箱。下層的「進氣器」會將氣體交替打入雙層上層的「儲氣槽」，讓「儲氣槽」上層的肋型結構倒置，如圖所示，以在上升過程中使壓力均等。儲氣層會裝載必要壓力所需的重量。

104. 史密斯（Smiths）的風箱，為圓形環狀或一側具有鉸鏈。風箱使用的閥門是具有皮革表面的平直舌閥，與#1619相似。

105. 鐘型鼓風機（bell blower），又稱貯氣型鼓風機（gasometer blower），供壓力小且體積大者使用。

106. 調節器（regulator），又稱儲氣層（reservoir），供鼓風引擎使用，以穩定鼓風。負重活塞與一般幫浦使用的空氣容器目的相同。

107. 圓盤型鼓風機，具有橡皮隔膜活塞。

108. 單曲軸三岔鼓風機，供風琴等機械使用，以持續鼓風。三個供氣裝置會將氣體傳送至中間三角形的盒子中。

第8節 機座、基礎結構以及機器框架

任何用途的機器骨架框架皆應堅固剛硬，輕巧且具有強度和穩定度（但在某些情況下，必須有一定重量才能讓振動最小化），而機器肋型結構或架構部件的放置方式，應能為所有軸承、中心等提供必要的支撐力，且沒有多餘部件。最後，最好能對稱，且具有一定程度的優雅和比例對稱。以下圖示僅是具有代表性的典型形式，並具有啟發性。

109. 水平分布軸承的縱樑機座，如臥式引擎中的機座。可以雙倍使用，兩個部分應由十字件和螺栓連結，如同#113。

110. 開放式盒形機座。

111. 封閉式盒形機座。

112. 雙盒形機座，附有合成軌枕。正方形或長方形的基座通常具有相似的截面，以下方肋型結構加強，且通常會以一體成形的方式鑄造而成。

113. 側面框架和支撐桿結構，適用於輕型機器。

114. 側面框架和橫桿，位於機座上。此形式比#113的構造更堅固。

115. 桌面和桌腿。

116. 長方形網孔盒狀框架。適用於有數條橫軸的機器。

117. 空心標準形式，適用於錘子、立式引擎以及任何架高於地面上的機器。

118. 底板和標準形式，適用於基座架構等等。無需變動基礎設施即可將其分離。

119. 穿牆軸承箱，軸承等構造專用。

120. 拱起的十字頭，適用於雙軸承、斜面齒輪等等。

121. 鍛鐵側板和支撐桿結構。

122. 牆裝托架，附有牆法蘭或銜鐵，以支撐垂直壓力。

123. 鍛鐵長方形機座。

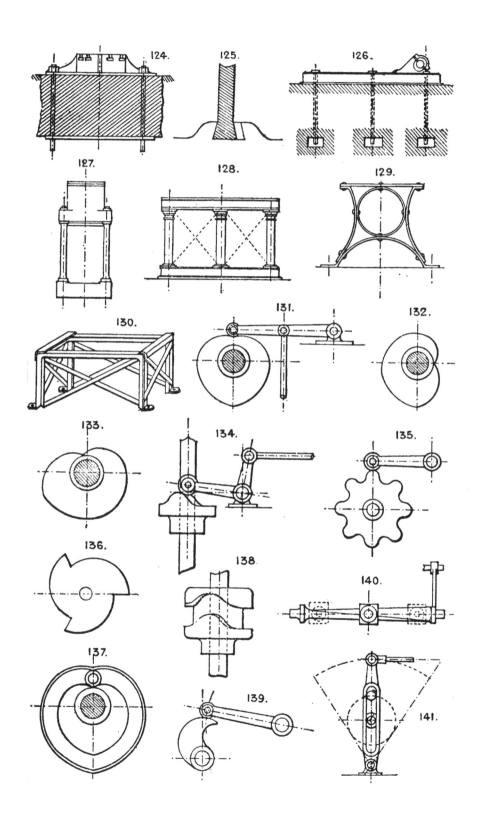

124. 125. 126. 127. 128. 129. 130. 131. 132. 133. 134. 135. 136. 138. 140. 137. 139. 141.

124. 柱子等構造的底板，具混凝土基礎結構。螺栓通常是T字頭（見#1404），位於開放式壁凹中，因此能在不變動底板的情況下輕鬆移除。

125. 鳩尾榫和鍵固定構造，適用於軸承架、軸承或框架的任何個別細部元件。

126. 盒狀機座的基礎設施。

127. 垂直柱狀（vertical columnar）或支撐桿（distance rod）結構，適用於船用引擎、立式引擎、壓力機等等。

128. 柱基、柱子、柱頂和交叉拉條，適用於天平式引擎，以及具有許多分離構造的離散機器。

129. 扁條側面框架，強而有力、輕量且便宜，但不是十分堅硬。

130. 鍛鐵 L 型和扁條長方形框架，適用於不需要絕佳堅硬度、但使用鑄鐵又不安全或不適合的機器。

　　與過往相比，鍛鐵已成為更大量使用的普遍機器框架材質，且在許多情況下，習慣使用鍛鐵或鋼條來補強鑄鐵基座或框架。

第9節 凸輪、挺桿以及刮水器齒輪

用途是產生多變的速度或運動，從簡單環狀繞行或往復運動，到間歇性與各種不規則運動，皆包含其中。凸輪可以是開放式或加蓋式。#131、132和183是開放式凸輪，#137和138是加蓋式凸輪。

131、132及133. 心形凸輪的三種形式，適用於產生朝向槓桿端點處的規律或間歇性垂直運動。

134. 凸面凸輪，適用於立軸。

135及136. 彈跳式凸輪。

137. 加蓋式心型凸輪。

138. 加蓋式凸面凸輪。

139. 擦拭和槓桿運動。

140. 扭桿，附有可以從桿子的一端移動至另一端的滑動軸套，且能避免轉向，讓桿子將軸心轉動至其轉向程度。

141. 曲柄銷和長孔桿；透過快速回位改變速度。

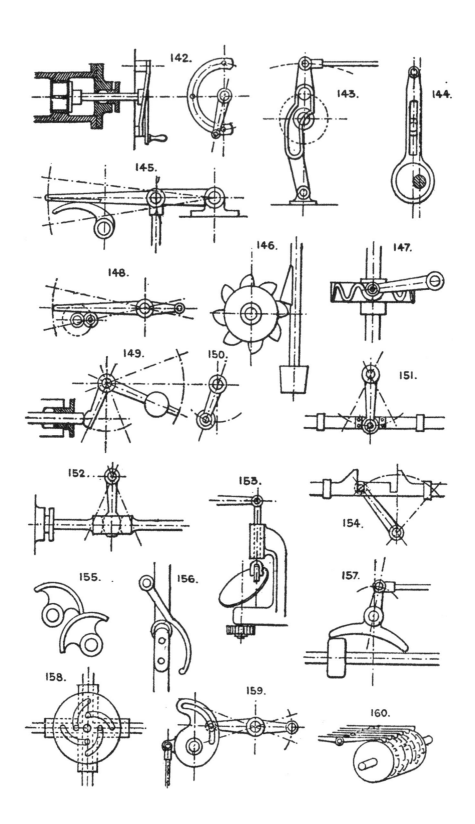

142. 143. 144. 145. 146. 147. 148. 149. 150. 151. 152. 153. 154. 155. 156. 157. 158. 159. 160.

142. 螺旋半徑桿，適用於開啟閥門。透過將槓桿朝傾斜的輻條沿半徑運動，將閥門從基座上抬起。

143. 曲柄銷和長孔桿運動，附有用於不規則或間歇性運動的溝槽。

144. 偏心輪和有槽拉桿。拉桿頂端的銷釘能進行垂直或水平運動，讓拉桿能勾勒出橢圓形，位於運作溝槽上的銷釘已固定。

145. 擦拭和槓桿運動，具有防擦板；適用於科尼式閥門等等。

146. 搗碎機。

147. 渦卷式凸輪。

148. 曲軸和槓桿，用於間歇性或連續性運動。

149. 活塞（piston），又稱閥桿（valve rod），以及槓桿運動裝置。

150. 相似動作，但槓桿端點處具有抗磨滾輪。

151. 桿子和槓桿的往復運動裝置，附有抗磨滾輪。

152. 相似的動作，桿子中鑄有插座，且槓桿端點為圓形狀，以進行圓周運動。

153. 對角圓盤凸輪（diagonal disc cam），又稱「旋轉斜板」（swash plate）。

154. 皮帶移動動作，在運動到一半時會有封閉的盡頭。這讓槓桿能在中心兩側都移動一定距離，且無需移動皮帶移動條。

155. 及**156.** 扇形片和曲槓桿，適用於科尼式引擎閥動裝置。

157. T形槓桿閥運動，適用於鑽岩機、部分形式的蒸汽機等等。

158. 四螺栓凸輪板，適用於螺絲絞板、防火保險箱鎖等等。

159. 溝槽、凸輪和槓桿運動。

160. 滾筒裝置，用於樂器、梭織機等。在此形式中，滾筒配有大頭針或U形釘，以抬起特定槓桿。

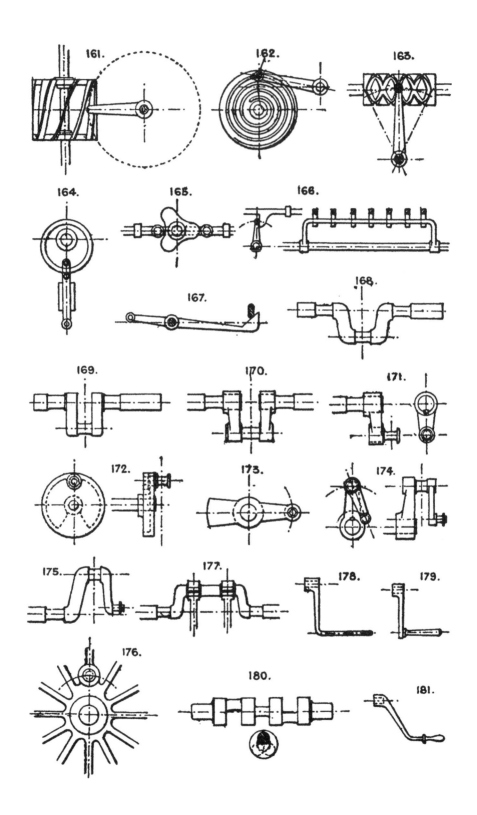

161.

162.

163.

164.

165.

166.

167.

168.

169.

170.

171.

172.

173.

174.

175.

176.

177.

178.

179.

180.

181.

161. 具有長距螺旋葉片的鼓，透過位於凸輪軸右對角的軸上旋轉臂操作，用於間歇性環狀運動。

162. 渦旋和槓桿。

163. 雙股螺旋，用於將環狀運動轉換為往復運動。具有左側和右側螺紋，且有連結至槓桿端點的梭子，形狀能符合螺紋並且能夠轉動以改變角度，使它能反向運轉。

164. 偏心環和滾輪運動，適用於將環狀運動轉變為往復運動。

165. 三角凸輪。凸輪旋轉一圈能使滑桿往復運動三圈。

166. 扇狀構造，可一次使多個桿子或轉臂進行運動，適用於風琴合成踏板動作等等。

167. 交叉槓桿動作，具有傾斜接觸表面，槓桿彼此間呈直角。

第 10 節 曲柄和偏心裝置

168. 圓端部分的彎曲曲柄；用以保留金屬的紋理和強度。

169. 正方形鍛造曲柄。通常會將曲柄臂鍛造得十分堅固，並由機器切割出溝槽。

170. 組合式曲柄。有其他打造方法，見1885年的《機械世界》（Mechanical World）。另見#182。

171. 單曲炳，材質通常是鍛鐵，但常與鑄鐵臂一起打造而成。

172. 圓盤曲柄。通常會在使用鑄鐵時採用此形式，並在其上鑄造砝碼，以平衡連桿。

173. 平衡式單曲柄或雙曲柄。

174. 及**175**曲柄銷偏心輪的兩種形式；有時會用來替代一般槽輪和皮帶，以驅動滑閥，如#183。

176. 曲柄銷裝設成輪轂形式，裝在驅動輪上。

177. 雙桿曲柄。

170.、179.及181.手搖曲柄。若可以，這些手搖曲柄應永遠符合手用鬆散木環的尺寸，原因是隨著曲柄旋轉，手部滑動會改變抓力，因而損失許多動力。

180. 固定的三曲柄曲軸，經堅固鍛造而成。

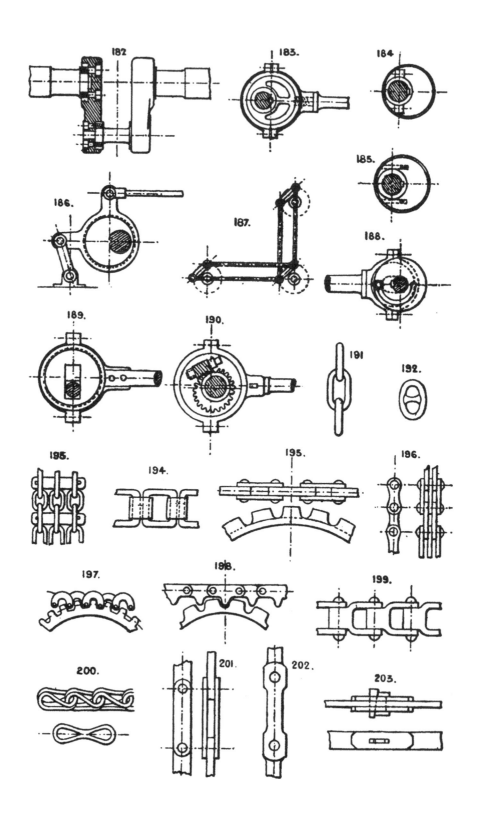

182. 組合曲柄。此類型的多個改造形式適用於大型船舶軸。

183. 整體偏心輪。

182及185. 分裂式偏心輪。除非滑輪上有摩擦滾輪，否則大型偏心輪會因摩擦而損失大量動力；有時也會使用大型偏心輪來避免軸上有其他曲柄。

186. 偏心運動，透過槓桿產生增速偏心路徑。

187. 曲柄裝置，用來取代斜面齒輪和軸，能旋轉角度。曲柄形式如#174或175。

188. 位移或可變式偏心距。槽輪具有溝槽，以符合軸的尺寸，並由具螺旋形槽和鎖定螺栓的碟盤來管控其槽距。

189. 位移偏心輪的另一種形式。滑塊是安排用來鎖定槽輪中溝槽的任何部分。

190. 位移偏心輪的另一種形式。槽輪分散在有蝸輪的偏心轂鑄件上，並以蝸桿旋轉，其軸承固定在漕輪上。

亦見#606、672、720、728和729。

亦見§40和79。

第 11 節 鏈條和連結環 適用於鉤子、轉環等，見§43。

191. 一般長或短的鏈環。有時會製成精準的節距以適配突釘或鏈輪。見#1250及1251。

192. 雙頭螺栓鏈環。

193. 蓋板鏈條，用於平輪緣雙法蘭滑輪。

194. 正方形鏈條連結環，用於鏈輪。

195. 模鍛鏈條連結環以及特殊鏈輪。

196. 一般連結鏈環。鑽入模板的鏈條。

197. 及198. 連結環，透過一般和特殊齒狀構造來驅動輪子。

199. 正方形鏈環的另一種形式。

200. 模鍛鏈環，用於輕型目標物。

201. 及202. 長鏈平狀懸吊鏈。

203. 嵌條和銷栓附件，用於長鏈平狀懸吊鏈。

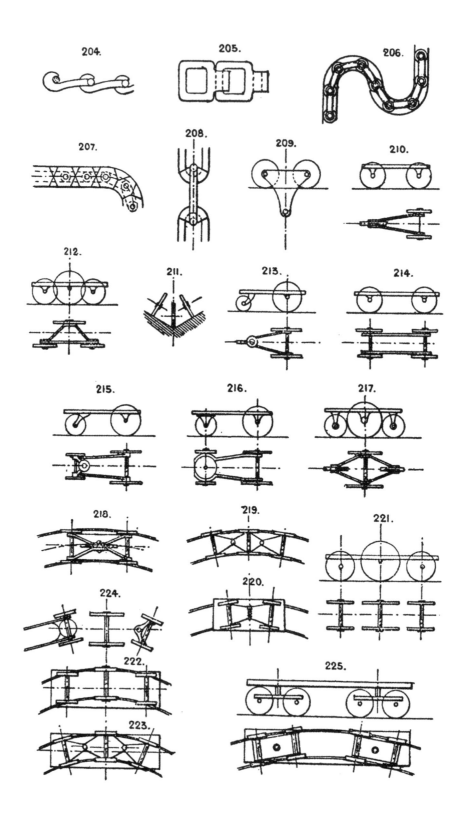

201及205.傳動鏈。見伊渥特（Ewart）的 #2752至2776號和其他專利。由於這些鏈條可提供正向傳動，不會延伸過多且能持續更久，而且任一點皆可輕易分離，並能輕鬆更換受損鏈條，因此其可取代皮帶，適合多種用途。

206. 及207.推力式鏈條，每個連接處皆有摩擦滾輪，某些情況可用於液壓增速圓柱狀齒輪。

208. 伊渥特（Ewart）和道奇（Dodge）的專利鏈條，連結處之間具有可更換的槽座。

第12節 車廂和車輛

這些設備的設計和細節永遠要適合所處環境。本書中的建議僅是説明各類使用中的底架和輪子，並提供不同用途的車身或車輛的草圖。

● 底架

209. 單軌或鋼絲索的二輪懸吊車，通常用於某些類型的起重機。見§18。

210.、211.、212.及213.三輪車。亦請參閱使用中的各種三輪車形式。

214.、215.、216.及217.四輪底架的各種形式，無論是否具有旋轉轉向架，皆屬此類。

有些四輪的車型配置如#21所示，但前、後輪皆稍微抬離地面，此類車型做為運貨車或手推車使用，且能輕鬆旋轉；當然，此車型實際上僅靠三個輪子運作。

218. 五輪底架，無論是否具有旋轉轉向架，皆屬此類。

219.及223.六輪車設計圖，具有曲線旋轉齒輪；中心輪對具有端隙，並透過連結拉桿方式來旋轉前、後軸。

220.四輪車設計圖，具有曲線旋轉齒輪。

221.、222.及224.六輪車，後者具有前、後旋轉轉向架。

225. 八輪雙轉向架底架。此設計通常應用在長型車輛上；每個轉向架都能獨立自由旋轉，且為集中負載。

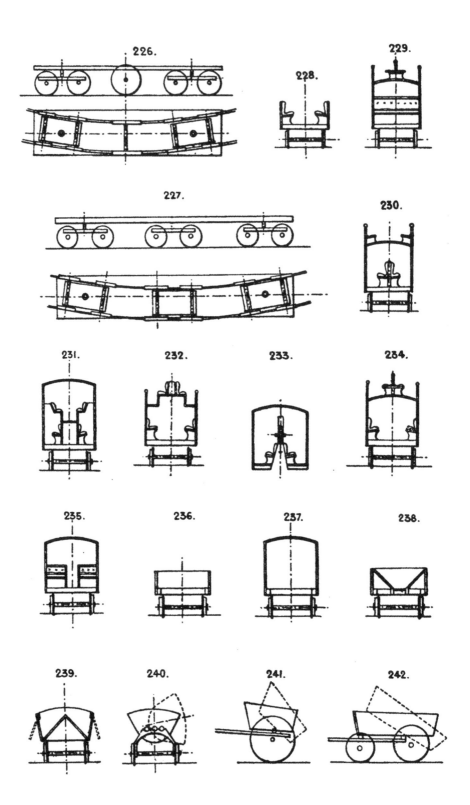

226. 十輪雙轉向架底架，中心輪對具有端隙或寬版防爆胎。

227. 十二輪和三轉向架。中央轉向架必須具有端隙，如#222或226其中一種形式，或應有轉向架和底架間的橫切滾輪。

請注意，#221、223及224中的中心輪對，若在軌道上運行，則軸承或寬版防爆胎中必須具有端隙。

228. 開放式客車，配有橫向或縱向座位的其中一種。

229. 封閉式客車，具有縱向或橫向座位的其中一種。

230. 客車，具有外側和中央縱向座位。

231. 客車，具有上層和下層縱向座位。

232. 客車，如#231所示，但座位方向相反。

233. 客車，用於單軌鐵路。

234. 客車，與#230相似，但座位方向相反。

235. 美式客車，具有橫向座位和中央走道。

236. 運貨車，低邊式。

237. 有頂或敞篷貨車。

238. 漏斗貨車，下方可供卸貨。

239. 側面卸貨漏斗貨車。

240. 側面（或後端）三中心傾卸貨車。

241. 傾卸推車。

242. 傾卸貨車。

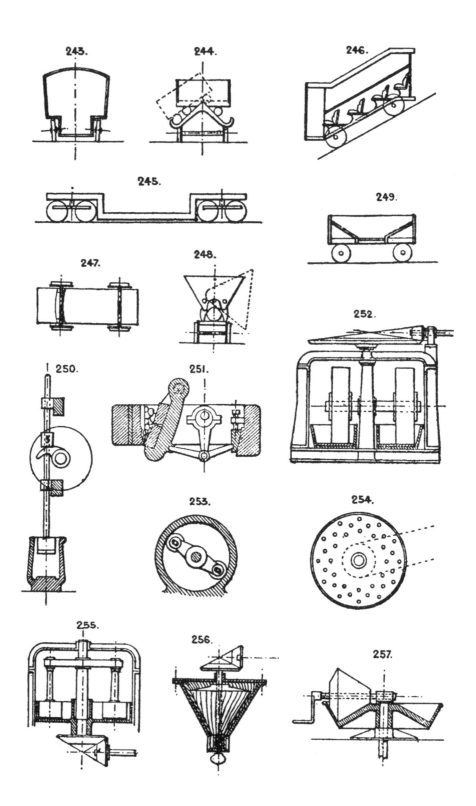

243. 家具貨車。

244. 格拉夫頓（Grafton）專利側面傾卸貨車。

245. 加長鍋爐卡車等。

246. 載客用斜坡車。

247. 分段式旋轉軸承，用來取代旋轉轉向架和中心銷。

248. 哈德遜（Hudson）專利傾卸車，具有三個中心。

249. 漏斗貨車，具有中央卸貨口。

第13節 壓碎、研磨和碎解

250. 搗碎機，通常設計成4或6個一組，用於搗碎黃金或其他礦物。

251. 碎石機，具有冷硬鐵顎夾面和肘節、或敲擊裝置。見布萊克（Blake）、H.R.馬斯頓（H.R.Marsden）和其他常用的改造形式。

252. 雙輪輾機。有時是從下方驅動。某些設計形式的滾輪會旋轉，而其他設計形式則是圓盤會旋轉而滾輪軸固定不動。

253. 盧克（Lucop）的專利離心磨碎機。

254. 卡爾（Carr）的專利碎解機。在此機器中，套管內的每個圓環會被高速反向驅動，敲擊的速度和強度會將原料打碎。

255. 水平離心輥壓機。藉由懸吊在十字頭上滾輪的離心力，原料會在滾輪和圓盤側板間軋碎。

256. 錐形輥壓機，具有垂直心軸。

257. 錐形輥壓機，具有水平心軸和圓錐盤。

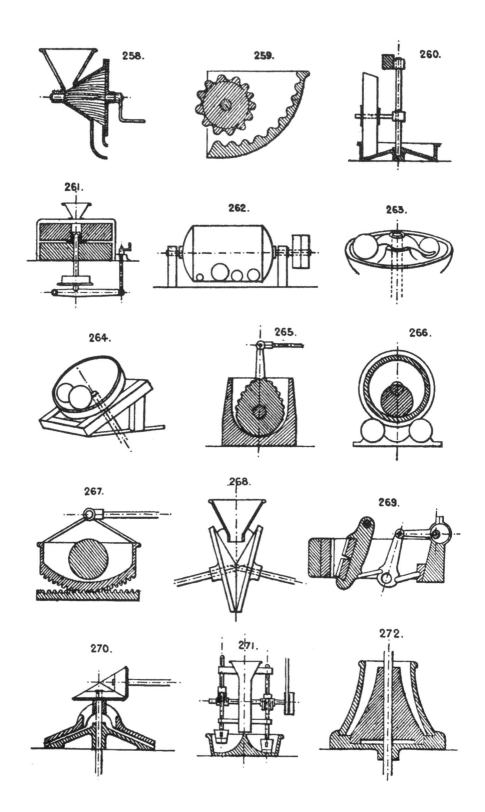

258.

259.

260.

261.

262.

263.

264.

265.

266.

267.

268.

269.

270.

271.

272.

258. 封閉式錐形輥壓機，具有水平心軸和螺旋溝槽滾輪和套管。

259. 鋸齒狀扇形碾磨機。

260. 圓錐形輪輾機和圓盤。

261. 一般磨麵粉機。原料放入中央，經過石頭中間，然後落至外部套管中。

262. 滾筒，透過相互摩擦來清潔和磨光物品；有時會使用沙或金剛砂來協助處理。

263. 球磨機和盤磨機，用於壓碎礦物等。固定在中央心軸上的橫臂環狀推動研磨球。

264. 傾斜球和盤磨機。

265. 擺動式磨碾機。

266. 轉筒和滾輪旋轉研磨機。

267. 托架和輥磨機。

268. 錐形盤磨機；圓錐體彼此朝軸的方向傾斜，原料會在圓錐體的下方被壓碎。

269. 碎石機的另一種形式，具肘節裝置。

270. 水平圓錐盤磨輾機。

271. 旋轉搗杵和盤磨機，用於礦物。

272. 立式錐形磨。

273. 旋轉盤和球磨機。

274. 打平盤，用於精準修圓鐵桿。見由柯克斯托佛奇公司（Kirkstall Forge Co.）製造，供使用中的專利輥軋軸系以及其他機械。

275. 立式錐形磨碎和壓碎機。直立軸在墊軸台處具有偏心輪裝置，能讓研磨錐體進行搖擺旋轉運動。

276. 壓輥，具有彈簧軸承。

第 14 節 離心力的應用

277. 搗離心鑽。貫穿桿A會交互壓下和抬起，鑽索藉由飛輪動力，在心軸上以反方向交替纏繞。

a. 飛輪。用來接收及儲存多餘的動能，並在動能低於平均時重新將其釋放。

b. 離心錘。將一個或多個錘子分散地與旋轉轂接合，並在固定於圓周路徑上的鐵砧上快速擊打。見#1915。

c. 磨碎機器。見#253、254和255。

d. 調速器。見§41。

e. 奶油去沫器。一個圓盤，在新牛奶倒入時會水平旋轉。奶油會移動至外

刃，然後流入承接槽中。

f. 離心脫水機。曼洛夫（Manlove）和艾略特（Alliott），以及羅賓森（Robinson）的連續供給機亦是如此，皆為此類型的範例。

g. 部分形式的渦輪機。依據希羅（Hero）的汽轉球原則設計，見#1696。

h. 鞦韆。旋轉木馬。多種玩具。迴轉儀和陀螺即依據此原則製作。

i. 拋接和其他雜技，即是利用轉動的盤子以及其他常見物品來表演。

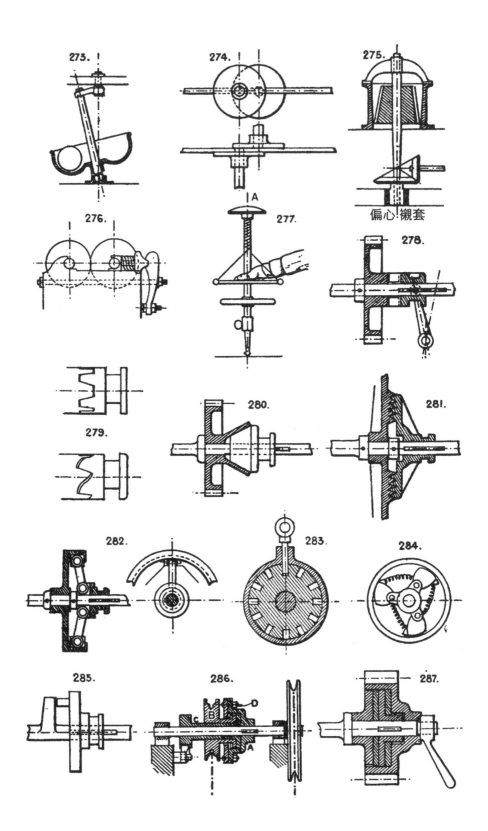

偏心襯套

j. 滾筒（rattle barrel），又稱旋轉筒（revolving drum），藉由離心運動和相互摩擦，以拋光小型鑄造品等，與#262相似。

k. 用於分類小麥、穀物和種子的多種機器。見#475。

l. 糖用離心過濾機；離心脫水機的改造形式。

m. 離心泵浦是風扇或渦輪機的相關形式（見§90）；格溫（Gwynne）、席勒（Schiele）、安德魯（Andrew）和其他的樣式皆為範例。

第15節 離合器

278. 常見的顎夾式離合器在滑鍵上滑動，未固定該半部的其中一端會鑄造在輪轂上。

279. 上述顎夾式離合器的兩種顎夾形式。

280. 錐形離合器。由於此離合器負責「抓取」，且可以在軸上施加相當大的端部壓力，因此應使用螺旋齒輪來操作此離合器。

281. 具有V形溝槽的表面（摩擦離合器）。見#280 的備註。

282. 摩擦離合器，具有三段或多段。亦見#38和59。

283. 銷和孔洞離合器。當然，銷和孔洞也能與軸呈平行而非輻射狀。

284. 凸輪離合器，用於右踏板，也用於向單一方向驅動，並向反方向鬆動的往復運動裝置。亦見§62、#1135及1178等。

285. 曲柄銷和曲柄臂驅動器。

286. 皮克林（Pickering）的起重機專用自給持式離合器。A盒僅連結到軸上，滑動圓盤上D處形成的鋸齒狀面和軸套B的法蘭，以棘輪套法蘭來干擾軸的運轉，藉此推動鏈輪和軸套B，而這些齒狀邊緣

為棘輪形式。此離合器還有幾種其他形式。包括愛德華式（Edward）、史蒂文森與梅杰式（Stevens and Major），以及其他形式可以諮詢。

287. 圓盤摩擦離合器，具有皮革中間板和螺旋夾緊器具，僅中央的板片鎖在軸上，其他部分未固定。麥瑟和普拉特（Mather and Piatt）以及阿迪曼（Addyman）的專利摩擦離合器皆為範例。

　　使用中的摩擦離合器有多種形式，其改造形式主要為#38、59及282。亦見§5。

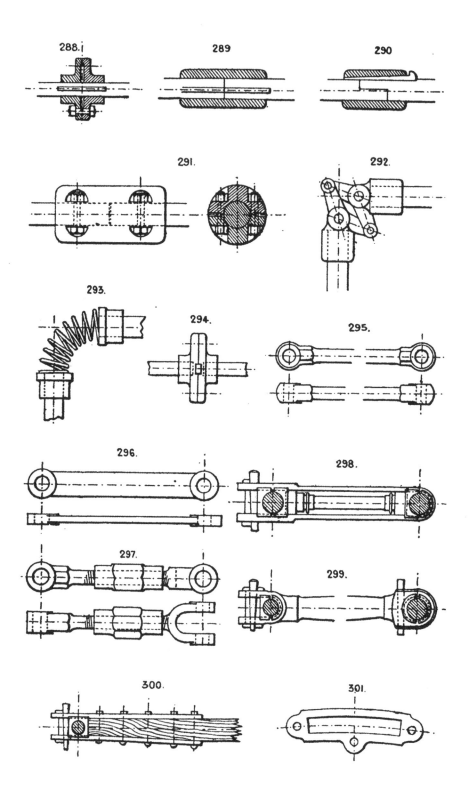

288.

289

290

291.

292.

293.

294.

295.

296.

297.

298.

299.

300.

301.

第 16 節 聯軸器

288. 一般的法蘭連接聯軸器，通常會使用此製作方式，以讓軸端形成與反方向另一半離合器連結的接頭。

288、**290**及**291.**套筒聯軸器。亦見#1430 和§57。巴特勒（Butler）的專利摩擦聯軸器、在里茲的科克斯托佛奇公司、賽勒斯（Sellers）的雙錐虎鉗聯軸器以及其他的形式，皆為套筒聯軸器。

292.夾角聯軸器，以虎克博士定律為基礎。

293.撓性聯軸器，用於輕型作業。

亦見#33、34和732。

294.法蘭聯軸器，具有十字凸起或鍵。此設計會產生巨大抗扭強度，尤其若將聯軸器法蘭與軸牢固地鍛造在一起，更是如此。

第 17 節 連接桿和連桿

295.轉向和末端連桿，不具有調整裝置；端點可能為堅固實心狀或分叉狀，如#297所示。

296.扁連桿，內容描述與上述相似，具有可用於表面或供磨耗使用的凸起轂。

297.可調整連桿，具有左、右側螺旋聯軸器。可能會加上鎖定螺帽以避免聯軸器向後作用。

298.條帶式連桿，配有軸襯、嵌條和銷栓，以及拖桿。在此連桿上，軸襯的磨損全部由嵌條和銷栓來承擔，因此，若需要十分精準的中心距，則嵌條和銷栓應同時與某對軸襯的雙側尺寸相符，或如#299採用的形式。

299.轉向連桿，具有可調整的終端軸襯。分叉狀終端應使用在會磨耗值最大的地方。

300.木質連桿或泵浦桿，具有鍛鐵帶狀端，配有黃銅管、嵌條和銷栓，多用於礦用泵浦。

軸或桿有時是橫截面或T形截面的鑄鐵，但通常會是圓形或扁平截面，且中段會較為膨大，與#299相似。見§102〈壓桿和拉桿〉。

301.最常見之連桿回動齒輪的轉換連桿形式，通常可讓整體十分靈活。

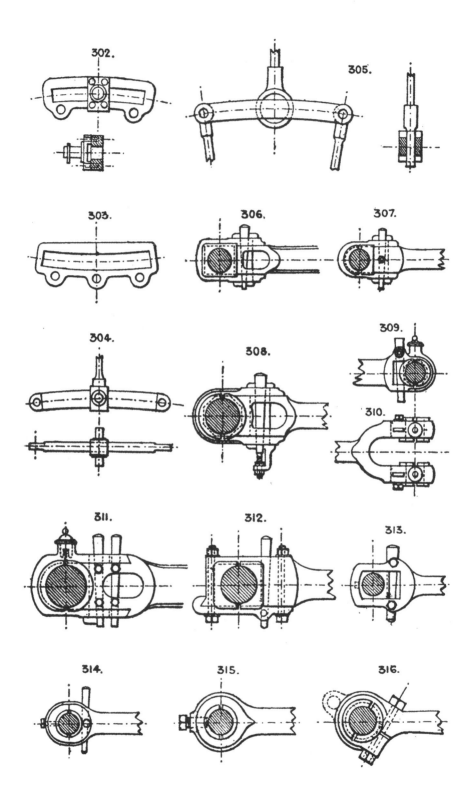

302.

305.

303. 306. 307.

304. 308. 309.

310.

311. 312. 313.

314. 315. 316.

44

302. 相似的連桿，但側銷軸上具有懸點，由螺絲釘固定於連桿，並凸起必要高度，讓滑塊和銷軸能通過下方。

303. 反向弧形連桿。

304. 實心連桿，有時是因為此形式便宜且簡單裝設的，閥桿和偏心桿理當具有叉端。

305. 雙連桿。這也是簡單且便宜的結構形式；平直桿為單一終端，滑塊能轉動至大到足以在每一側都有凹口，以連接至連桿。

306. 帶狀頂部連桿端，具有正方形軸襯、雙嵌條和銷栓。

307. 帶狀頂部連桿端，但有圓形終端，以及固定銷栓的螺絲釘。

308. 與上一個相似，但軸襯具有銷栓調整裝置。

309. 實心終端連桿。軸襯可從側向取出。

310. 叉端連桿。

311. 粗拉桿的條帶端，具有銷栓以將條帶固定在拉桿端的V形端上。油杯通常經鍛造而成，並旋轉固定於條帶上，如圖所示。

312. 具側帶的連桿端。可以透過取下側帶來橫向取出軸襯。

313. 實心端以及拴緊開口銷的二個固定螺絲釘。

314及315. 小型連桿的固定端。通常以固定螺絲釘來確保軸襯安全。

316. 實心端，以螺栓鎖緊裝置固定，可以如圖上虛線所示以鉸鏈連接。

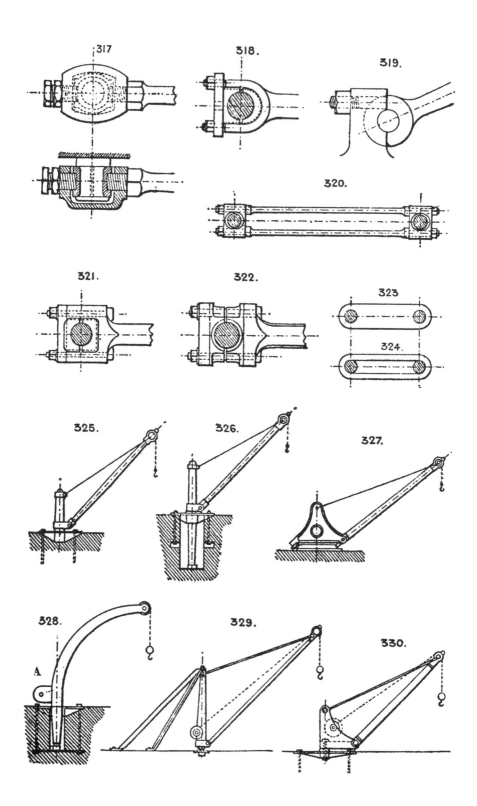

317

318.

319.

320.

321.

322.

323

324.

325.

326.

327.

328.

A

329.

330.

46

317. 曲柄銷的有蓋式實心端，附有用於軸襯的螺絲調整器。

318. 常見的叉形連桿端，附有蓋子。

319. 軸頭的鉤頭螺栓附屬裝置，有時若僅軸頭上有推力，此裝置便十分實用。

320. 雙連接桿，此連桿形式亦會隔開雙接頭的拉桿和螺栓，此雙連接桿分為兩部分，且適合普通類型的軸襯。

321. 船用連桿尾，具有實心端、正方形軸襯和蓋子。

322. 船用接頭，此裝置的軸襯會延伸，將中央塊分為兩部分，連桿尾是T字狀，並透過軸襯和蓋子將其拴住。

323. 及**324.** 扁平桿。

使用中的接頭圖解類型種類不計其數，每位工程師都有自有的獨特設計。

第 18 節 起重機類型

本書目標僅是說明或示意一般設計或配置，使大眾能選擇符合自身需求的類型。

325. 碼頭起重機的常見類型，具有固定柱，底板牢固地向下栓在堅固的磚石結構上。

326. 也是碼頭起重機的常見類型，但起重機柱會在墊軸台和底板上旋轉，提供比#325更好的基座。

327. 沒有起重機柱，但旋轉架和底座有前、後摩擦滾輪和中心銷。

328. 起重機柱和伸臂為一體式，通常是鍛鐵材質。平衡塊固定在A處，以平衡懸吊的伸臂。

329. 擺臂起重機，通常使用木材製成。伸臂能旋轉四分之三圈，然後兩條牽索固定呈相距 90° 角，並拉牢或負重以確保安全；此類型的起重機通常會有極長的伸臂，以配合營建用途。

330. 碼頭起重機，以中央拉力螺栓取代起重機柱。在此配置中，中央螺栓上有垂直拉力，伸臂腳上則有推力。

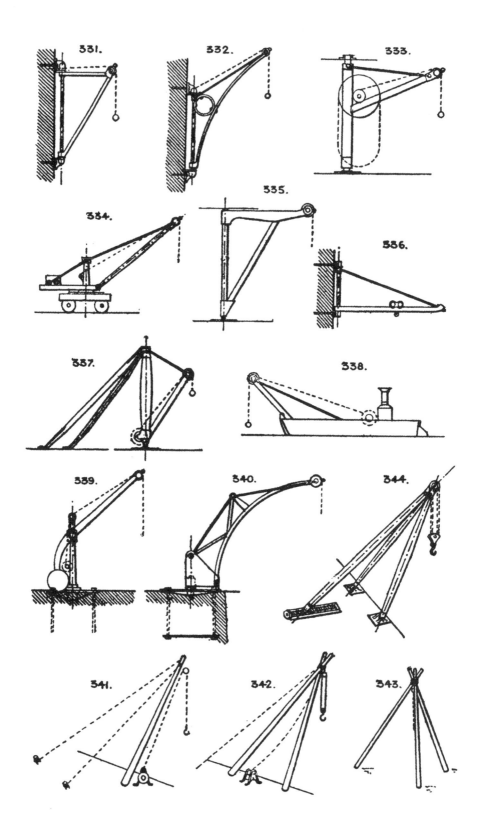

331. 倉庫牆裝起重機。

332. 牆裝起重機，附有伸臂端頭。

333. 簡易起重機，主要用於貨物倉庫。有時會透過循環欄索來操作鏈條，有時則是如#1209所示，透過第二欄索和有手搖曲柄的鼓輪來操作。

334. 可攜式手動起動機，具有砝碼。能移入或移出砝碼以平衡負重。

335. 鑄造廠起重機，有時伸臂上會附有行動托架，如#336所示。

336. 擺動支架起重機，通常邊緣以扁條鋼製成；僅用於輕型負重、鍛造場等。

337. 碼頭吊桿，能轉一整圈，與#329相似，但用於重型負重。

338. 水上起重機。

339. 輕型平衡起重機。

340. 桁架伸臂起重機，具有中央拉力螺栓。

341. 簡易起重桿和絞車，有兩條牽繩；僅供臨時用途，可輕鬆移動。

342. 人字臂起重桿和絞車。

343. 三腳架起重桿和絞車。

344. 後腳架附有螺絲調整器的人字臂起重桿。此設計適用於超重貨，例如裝載重型機械、桅桿、鍋爐等。

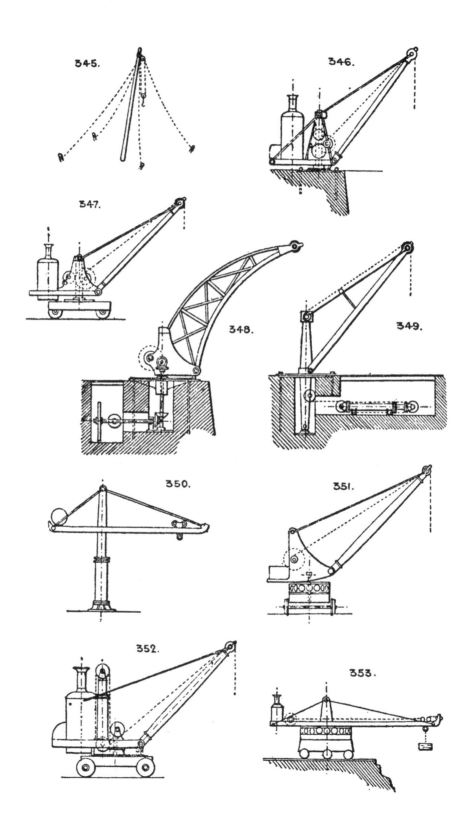

345.

346.

347.

348.

349.

350.

351.

352.

353.

345. 四牽索起重桿和絞車，用於固定柱子、底座、磚石建築等。

346. 固定柱蒸汽起重機，用於碼頭、橋墩、防波堤、港口工程等。

347. 可攜式蒸汽起重機，極大量用於碼頭、橋墩等處，且有時除了起重和旋轉裝置外，也裝有移動裝置。

348. 碼頭起重機，有固定式引擎、中央螺栓和桁架拱形伸臂。此類起重機非常好，因為能讓地面保持暢通供貨物移動；當然，所有裝置、起升、下降和旋轉，皆是在地面上方的起重機中，透過手槓桿控制。

349. 液壓碼頭起重機，有固定柱。常用類型適用於全球船塢等，具有一般形式的增速液壓缸和鏈齒輪；透過手槓桿來操作動作控制閥，使其延伸至地上溝縫；另外，可透過獨立控制桿來操作個別液壓缸和鏈齒輪以執行旋轉動作。見§42和83。

350. 液壓短升液柱塞、中央起重機和移動式起重機，皆主要用來將鑄塊抬離使用柏思麥煉鋼法（Bessemer steel）的鑄坑。柱塞理當嚴格遵循截面應變，且許多設計會提供橋式引導，或支援柱塞頭。

351. 自動平衡起重機，有可攜式或固定式；支軸的位置隨著載重不同而有多種變化。

352. 蒸氣增速汽缸起重機，其柱塞會受蒸氣壓力強制向外，因而直接或藉由中介水體進行作用。

353. 防波堤旋轉式起重機。

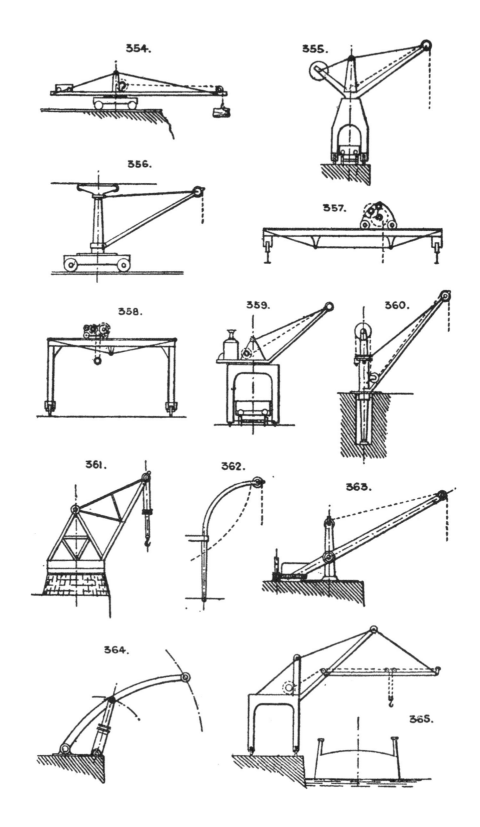

354.

355.

356.

357.

358.

359.

360.

361.

362.

363.

364.

365.

354. 懸伸移動起重機，可在防波堤等處使用。

355. 高架液壓移動式門式起重機，用以跨越鐵路，具有旋轉裝置和平衡伸臂。

356. 單軌起重機，具有上方導軌。

357. 高架橋式起重機。

358. 門式起重機。

359. 蒸氣橋式起重機，有車架能橫跨鐵路。因為能提供高升力，且不會妨礙或侵入寶貴的碼頭空間，因此大量用於船塢碼頭等處。

360. 液壓缸柱起重機；有時會用來替代#349。

361. 重型液壓起重機，具有懸吊式汽缸；用於最重型的作業。

362. 船用吊柱。

363. 平衡式伸臂柱起重機，無繫桿。重量必須夠重，以平衡伸臂和負重。

364. 液壓支柱伸臂起重機。透過提起伸臂來升起重物。

365. 舷外船塢起重機，用於從船上卸貨至駁船上。此設計的外伸臂極佳，必須具有重型架或砝碼。

366. 拖車傾卸起重機，用於裝載船隻。

367. 吊臂的雙槽輪4:1滑車。亦見§69。

第 19 節　傳送訊息

訊息可以透過以下方式傳送：

1. 傳聲筒；適用於最遠約300英呎（91.44公尺）的距離，使用之管路口徑約 3/4英呎至 1英呎（22.86至30.48公分）。

2. 電話；任何距離皆可。

3. 電報；任何距離皆可。

4. 透過訊號——(a) 導線或電線和鈴聲；(b) 可視訊號，例如訊號機、燈具、日光反射信號器、旗幟和其他裝置；(c) 透過聲音，例如鈴聲、喇叭聲、警報器、口哨等。見§105。

5. 透過氣動發送：透過管線施加壓力，讓內有訊息或小型氣塊的活塞載運器經由壓縮空氣通過管路。

6. 信鴿。

368. 發送訊號的撥號盤和斜齒輪裝置。

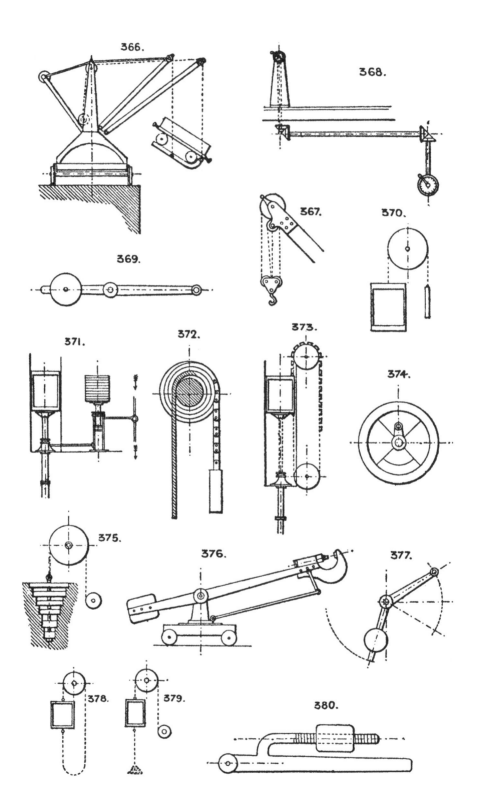

366.

368.

367.

369.

370.

371.

372.

373.

374.

375.

376.

377.

378.

379.

380.

第20節 補整誤差和砝碼

任何機器的各旋轉或往復運動零件都應盡可能達成平衡，以透過最少磨耗來順暢運作，這一點極度重要。以下是一些最重要的裝置和其應用方式的類型：

369. 平衡槓桿，具有以固定螺絲固定的滑動盒形或球形砝碼。

370. 平衡吊掛籠。通常會讓籠子高於平衡重量，以分攤手動升降器在向上和向下過程中的工作，以協助載重；但如果是動力和液壓升降器，籠子會低於平衡重量以便在空籠時下降。

371. 液壓天平升降器，其籠子和錘的靜負載或定負載，會因為輔助汽缸中裝載的活塞而幾乎取得平衡；若要提起負重的籠子，加壓水會進入活塞的上方。此類型升降器的多種形式正被廣泛使用；見艾靈頓（Ellington）、強森（Johnson）、史蒂文森與梅杰（Stevens and Major）、威古德（Waygood）以及其他的專利升降器。

372. 可變式渦形補整天平，適用於轉動捲簾、百葉窗、窗簾等，以維持所有位置的平衡，砝碼鏈條與捲簾百葉窗一樣厚，因此捲簾的轉動半徑永遠會與砝碼成比例。

373. 可變式補整天平，適用於液壓缸柱塞，以補償柱塞上升時浸入的損耗（貝利〔Berly〕的專利）。亦請見史蒂文森與梅杰（Stevens and Major）的專利，該專利會裝設雙臂曲柄槓桿和砝碼，以取代負重鏈。見#883。

374. 平衡飛輪。適用於平衡曲柄，見#172及173。

375. 藉由截面來增加平衡，在鏈條升起的間隔時間將物品抬起。

376. 平衡鉚接機。見特威德（Tweddell）的專利。

377. 可變式槓桿天平。適用於平衡式起重機，見§18。

378. 深度升降器，為了平衡鍊條或繩索的重量，此升降器為循環運作。

379. 另一個方法。從籠子懸掛出的散鏈，其每英呎重量與起重機鏈條重量相同。

380. 螺絲調整臂上的砝碼，裝載在衡重機上。

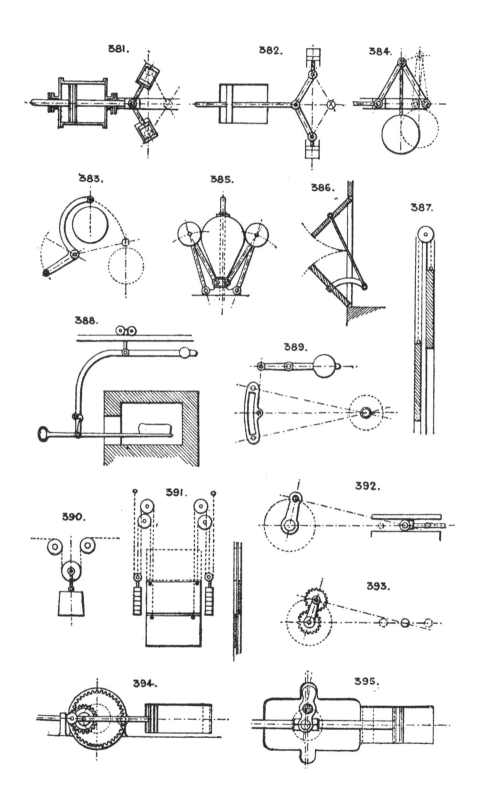

381.

382.

384.

383.

385.

386.

387.

388.

389.

390.

391.

392.

393.

394.

395.

381及382. 沃辛頓（Worthington）的補整汽缸，裝載在直接作用的水平泵浦上，可廣泛運作，用來代替飛輪。擺動式或直立式汽缸採用空氣或彈簧活塞，會在衝程前段時吸收動力，並在後段釋放動力。

383. 可藉由曲槓桿變化的砝碼。

384. 可藉由雙鏈和滑動接頭變化的砝碼。

385. 道聲（Dawson）補整調速器。見 1885 年8月25日的《機械世界》（Mechanical World）。

386. 平衡門，鉸鏈垂直連接。

387. 平衡式窗框（balanced sashes），又稱直立式滑門（vertical sliding doors）。

388. 在從爐中添料或取料時，用來平衡大鋼胚的方法，或任何相似用法。

389. 鏈環裝置的天平。

390. 用以保持細繩或繩索張力的砝碼。

391. 平衡兩道滑門的模組，讓兩道門能以成比例的速度上升和放下。

起吊機和捲揚機（見#1222及1223）是透過上升和下降的籠子以及兩條繩索來保持平衡，一條繩索繞緊鼓輪時，另一條會鬆開。

雙籠吊車亦是以相似的方式自主平衡。重滑閥和蒸汽引擎的其他往復零件皆是透過小型蒸氣活塞來平衡。見#1651—1654。

若必須永遠停在正中心，腳踏板上有固定在飛輪上的砝碼，與正中心呈直角。

水箱常用來做為衡重體或天平，且可藉由透過虹吸管或其他裝置來盛裝不同水量，使其有所變化。

若要了解均壓閥，見§89。

第21節 圓周和往復運動

392. 活塞連桿和曲柄裝置的一般類型，全球通用。

393. 上述類型的瓦特替代品（編按：詹姆斯・瓦特〔James Watt〕將此機構運用在蒸汽引擎中，代替當時已被註冊專利的曲柄），又稱「太陽行星齒輪」（sun-and-planet gear）。請注意，每次雙衝程或引擎旋轉一圈時，曲軸便會旋轉兩次。曲柄僅是鬆置、保持兩齒輪嚙合，行星齒輪不旋轉，固定在連桿上。

394. 外擺線平行裝置和曲柄。小齒輪是節線上輪子直徑的一半，且連接銷固定在小齒輪的節線上。

395. 伯內（Bernay）的專利曲柄裝置；曲柄半徑 = 衝程 *25。

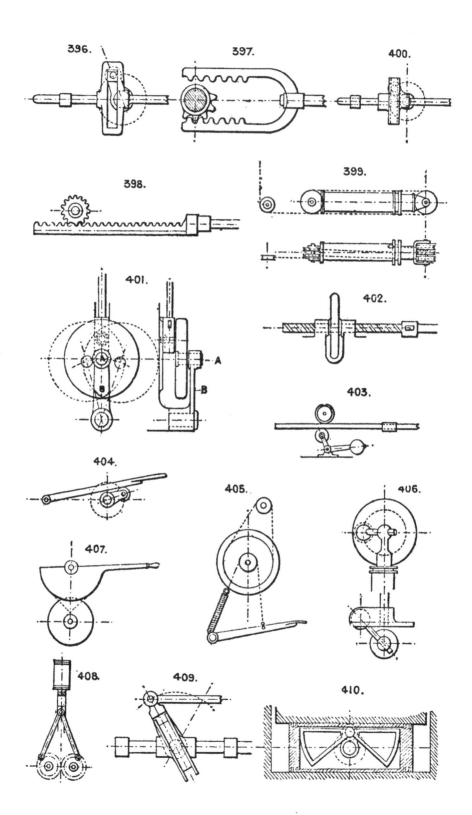

396.

397.

400.

398.

399.

401.

402.

403.

404.

405.

406.

407.

408.

409.

410.

396. 溝槽和曲柄裝置。銷通常會在滑塊中運作。

397. 弓形小齒輪和雙齒條裝置。

398. 齒條和小齒輪。有時會將小齒輪製成此種形式，藉此透過離合器或棘輪裝置，讓它在某一衝程上受到驅動，然後在另一衝程上鬆動，例如#1135、1178或相等形式。見§62。

399. 液壓增速齒輪。亦見§42。

400. 開槽十字頭和圓盤曲柄。銷會在有蓋式十字頭凹槽內的滑塊中運作。

401. 斯坦納（Stannah）的專利，為垂直運作；飛輪中心點A會在連桿B的終端處擺動，讓曲柄銷能在直線上運作。

402. 螺絲釘和翼形螺帽。可透過與#1135或1178相似的離合器裝置來安裝螺帽，用來產生持續性的旋轉運動，使它能僅在一衝程上抓住輪子。

403. 摩擦齒輪；小齒輪會被往復拉桿驅動，並在外側衝程上鬆開運作，具有滾輪的配重桿會在內側衝程上提供摩擦抓力。

404. 槓桿和滾輪曲柄銷。

405. 踏板裝置，附有繩索和彈簧。若要產生持續性旋轉運動，小齒輪必須以#402描述的方式配置。

406. 球窩曲柄裝置。曲柄銷永遠為水平方向。

407. 扇形桿，具有繩索和皮帶輪。

408. 雙齒輪曲柄，用來驅動旋轉式鼓風機等。

409. J.華威（J.Warwick）的專利；藉由如圖開槽的斜面槽輪，將圓周運動轉換為往復運動；曲柄臂中心與槽輪中心呈一直線，如圖上虛線所示。

410. 滾動扇形，隨著推力運動推向曲柄銷。適用於烏特里奇（Outridge）的箱型引擎，具有雙活塞；此形式可在衝程中的所有點上，為曲柄銷提供恆定直線推力，且無任何部分具有張力。

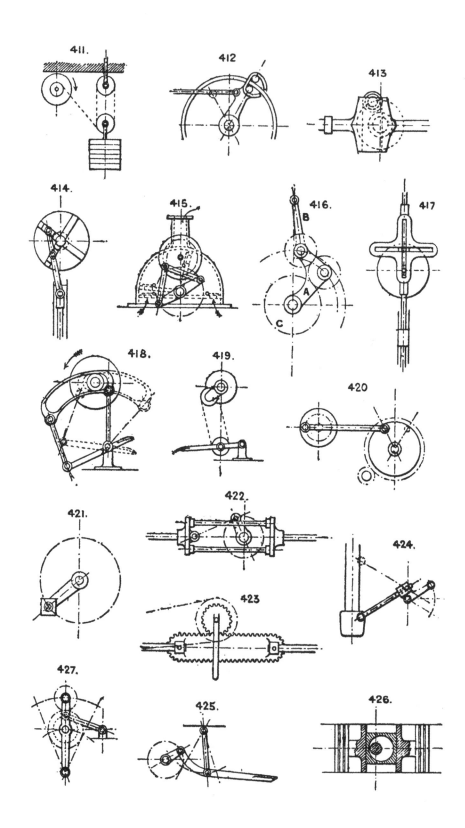

411.

412

413

414.

415.

416.

B

A

C

417

418.

419.

420

421.

422.

423

424.

427.

425.

426.

411. 砝碼和增速皮帶輪，用於測長裝置，以驅動任何輕型機器。

412. 擺動離合器臂和環，進行靜音進給運動。

413. 曲柄的溝槽和滾輪裝置。曲柄銷具有摩擦滾輪，可在十字頭的有蓋溝槽中運作。

414. 橢圓齒輪；輪子旋轉一圈，帶動活塞的兩個雙衝程。

415. 分段輪葉（在半圓形情況下），透過圓盤曲柄和銷驅動，會在上方中心運作，透過連結至固定在兩個獨立運行輪葉上的雙臂來運作。用於打氣機和鼓風機。

416. 透過旋轉承載兩個小齒輪的A臂來循環進行往復運動，B臂終點處描繪的垂直線是B臂長度的四倍，大型輪C是固定裝置，帶動B臂進行運動。可用來做為活塞桿和曲柄裝置。

417. 橢圓齒輪；開槽十字接頭會向右移動。

418. 槽孔滑環和踏板，藉由輪流在上方和下方摩擦鏈環內側，驅動兩邊衝程上的小齒輪。

419. 鏈條和滾輪踏板裝置。

420. 往復運動的輪子和曲柄裝置。

421. 腳蹬車樣式的腳踏板。

422. 雙十字頭，以支撐桿來分隔，配置成此樣式，讓曲柄和連桿能在雙十字頭間運作。見#681。

423. 輾壓機齒條、小齒輪和往復式齒輪。齒條會移動至右側，透過在齒條運作路徑的各端點向上和向下移動溝槽，讓小齒輪在齒條四周運作。

424. 透過滑動接頭將擺動桿連接至任何往復零件的模組，例如蒸氣鎚頭、引擎十字頭等。見#893、894。

425. 懸吊踏板裝置。

426. 離心套和滑套裝置，用於雙活塞引擎。

427. 透過齒輪裝置和連結的曲柄銷操作的搖動桿裝置。每次旋轉時，上方小齒輪會驅動中央的曲柄盤，其中附有齒輪裝置的槓桿會從一側擺動至另一側，如圖所示。

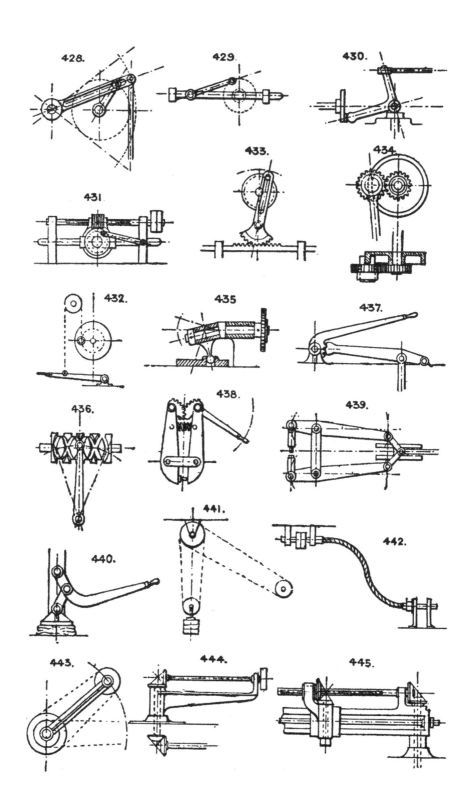

428. 429. 430.
431. 433. 434.
432. 435. 437.
436. 438. 439.
440. 441. 442.
443. 444. 445.

428. 曲柄銷和長孔桿；用來為連接桿提供多變速度。見#1195。

429. 側軸頭和曲柄裝置。

430. 雙臂曲柄和圓盤曲柄裝置，雙臂曲柄的中心能進行水平和垂直運動。

431. 蝸輪和螺旋往復運動，藉由連結的曲柄銷來進行運動。適用於慢速運動。

432. 踏板、繩索和滑輪曲柄裝置。

433. 圓周運動轉換成往復運動，反向亦然。

434. 太陽行星齒輪的另一種形式。環圈為恆定，旋轉行星輪上的套筒有開槽，以便安裝環圈，行星輪固定於連接桿尾端。

435. 曲軸和曲臂裝置。

436. 往復運動裝置，由循環螺紋螺絲和槓桿組成。亦見§62、31和74。

第22節 集中動能

透過以下裝置以及多種顯著改造的形式來大量減速、讓動力倍增。一般方法包括：齒輪裝置（見§84）、螺絲釘或複合式螺絲釘（見§78），以及楔形物和槓桿（見§53）。要進一步了解以差動螺旋來達成目標，請參見#1379、1380。

437. 複合式槓桿。

438. 雙鋸齒狀凸輪和槓桿複合裝置。

439. 雙槓桿和鏈條裝置，有升壓。有獨立應變，此設計形式十分適合需要升壓的用途。

440. 槓桿和肘節裝置（見§63）。它的多種變化形式皆用於碎石機等裝置，見§13。

打磨肘節裝置，見#269、251。

第23節 將運動運送至機械的可動零件

相關動作可透過以下方法，傳送至機器上可移動的部分，或傳送至沒有固定位置的特定機械：

441. 透過負重滑輪，讓循環繩索或其他環狀皮帶，能在主動皮帶盤平面上的任何位置都保持緊固。此設計形式可將機器移動至主動皮帶盤平面上的任何位置，負重滑輪會佔據皮帶的鬆弛部分。

442. 撓性軸，用於輕型驅動。此裝置允許大量撓曲，且適用於不同位置的鑽孔和類似的附屬驅動用途。

443. 輻射狀軸臂和皮帶。可在軸臂磁頭所畫之圓周上任一點驅動可移動式機器。

444. 相似的設計，但透過斜面齒輪來驅動，而非皮帶。

445. 斜面齒輪和羽軸。可移動式機器能在軸長中和輻射運動的直線上運行。

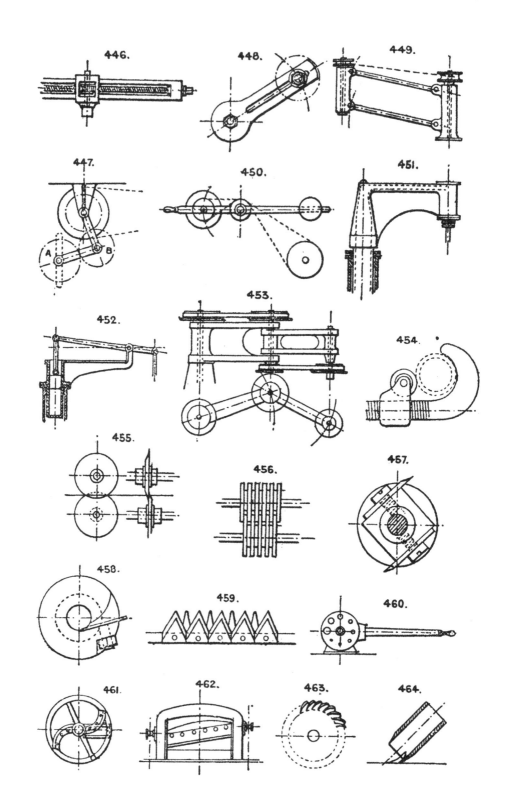

446.

448.

449.

447.

450.

451.

452.

453.

454.

455.

456.

457.

458.

459.

460.

461.

462.

463.

464.

446. 螺旋和蝸輪齒輪，用途與#445相同。

447. 從動輪A向上和向下移動溝槽的路徑受限，惰輪B則藉由鏈條懸吊來保持與齒輪連接。

448. 惰輪和溝槽。變更主動齒輪方向或速度的常見裝置，變更的方法是在固定驅動軸和從動軸之間，連接或切斷主動齒輪與中間齒輪。

449. 平行運動散熱驅動裝置，其垂直運動路徑有限，能進行徑向運動。

450. 皮帶運動可傳送至在垂直面上進行徑向運動的從動軸。適用於輕型鑽孔、砂輪等。

451. 蒸氣或液壓放射形臂和汽缸裝置。

452. 中央汽缸和放射形槓桿運動。

453. 接合放射形臂，具有皮帶傳動裝置，用來將運動從中央心軸傳送至某一軸臂，其運動路徑涵蓋接合臂極限半徑中的圓上任一點。亦見#348、849。

循環橡膠或線圈皮帶，通常是用來讓在固定位置的主動皮帶盤上，具有一定動作自由的機器執行動作。

第24節 切削工具

除了工作坊中使用的一般切削工具（例如鑿子、半圓鑿、木工刨、鋸子、雙柄削刀、剪刀、大剪刀、大鐮刀和其他工具）以及其他不歸於機器裝置的工具之外，尚有其他工具。這些工具中，有些僅是一般工具的改造形式，有時在機器樣式中會需要用到，此節是這類工具的圖解。

其他裝置有——大剪刀：見一般剪機、裁書機，如#462和其他改造形式。部分大剪刀的一側尾端會用鉸鏈連接，另一部分則是可移動式刀片，其會在任一端，透過凸輪或曲軸裝置，以對等或不對等運動來移動。（見#462）

454. 切管器，具有V形邊的切割輥。有時會使用 3個切割輥。見#466。

455. 切割盤，適用於紙張、金屬片等。

456. 切條盤，用於將片狀物切割為條狀。

457. 旋轉切頭，用於模壓、榫接和多種木材加工用途。

458. 空心旋轉切頭，用於修圓木桿、掃把柄等。亦見#488。

459. 收割機切割工具。連續的剪刀形刀片，一個設為固定，另一個便會進行往復運作。

460. 切線盤，一個固定，另一個連在手槓桿上，兩個切割盤上都具有對應不同尺寸的孔洞。

461. 切草機，具有旋轉的剪切片。

462. 截斷機。

463. 銑刀。

464. 管狀切割機，用於木材加工；能輕鬆削尖木材，且能旋轉以使用新的切割邊來工作。

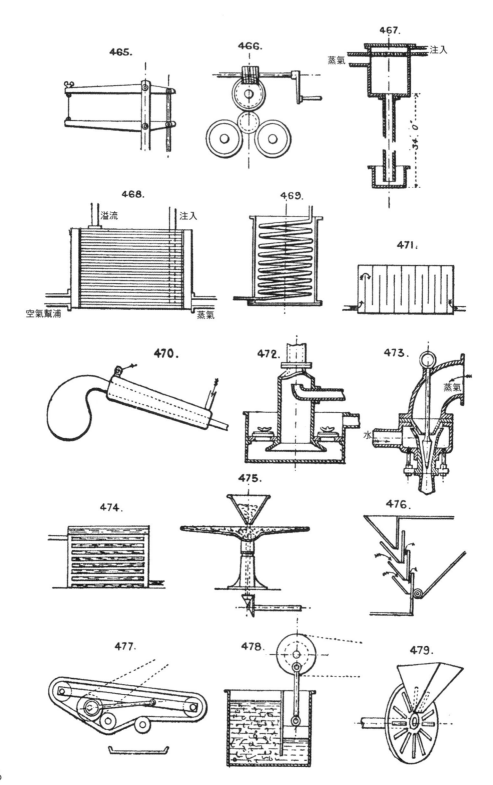

465.

466.

467.
蒸氣　　　　　注入

34.0'

468.
溢流　　　　　注入
空氣幫浦　　　　蒸氣

469.

471.

470.

472.

473.
蒸氣
水

474.

475.

476.

477.

478.

479.

465. 鋼絲鋸（fret saw）又稱線鋸（jigger）。

466. 三刀片管料切割機，有蝸輪裝置。

第 25 節 凝結和冷卻裝置

這類裝置通常用於使蒸氣凝結、冷卻加熱的氣體、冷卻空氣或需要低溫的食品、蒸餾或其他用途。若目標為冷卻，空氣壓縮機的需求量最大。空氣會在汽缸中受到壓縮，然後在表面式冷凝器中再次冷卻至一般溫度（如#468），接著透過汽缸和活塞延伸至冷卻室，延伸範圍通常會降溫至零下 10°或20°。其他冷卻裝置有氨冷凍機、風扇以及所有種類的鼓風機、龐卡（punkah）扇或手拿扇、冷凍混合劑等。

467. 重力冷凝器。管子應有 34英呎（約10.36公尺）或更高，若不需空氣泵浦，則冷凝蒸氧和空氣會從下方排出。管子的替代形式需要有空氣泵浦和底閥，而這也是常用的形式，因為很少有地方能有長達 34英呎的立管且頂部又有供水系統。

468. 表面式冷凝器，此為多管式。蒸氣會被導入管中，且會有水環繞蒸氣，反之亦然。

469. 螺紋冷凝器（worm condenser），又稱旋管冷凝器（coil condenser），主要用於蒸餾。

470. 蒸餾冷凝器，適用於香精劑、酒精等。

471. 氣體用冷凝室。水平或直立式皆有。

472. 威姆斯赫斯（Wimshurst）冷凝器，不需空氣泵浦。廢氣會隨著立管向下排放，與側噴嘴注入的水匯合，造成瞬間冷凝和真空。冷凝水等會透過各衝程上的底閥吹出。

473. 噴射式冷凝器的另一種形式，此形式的蒸氣和水會造成噴嘴真空，而水會透過底閥（圖上未標示）排出。

474. 托盤式冷卻器（tray cooler），又稱托盤式冷凝器（tray condenser）；由上方水箱供水的一連串水盤。

見摩頓（Morton）的噴射式冷凝器，此形式不需空氣泵浦；以及海華德（Hayward）的排氣式冷凝器，此形式會在泵浦引擎的吸入管中使用水來使蒸氣凝結。見唐吉（Tangye）先生們的清單。水管冷卻旋管適用於鼓風口和其他熱表面。

空氣壓縮和燃氣引擎汽缸具有水套，以帶走壓縮空氣或氣體的熱能。透過大面積暴露於空氣中來冷卻，是有軌電車引擎有時會使用的排放蒸氣方式，相關裝置通常使用許多鍛鐵管或旋管製成。

第 26 節 選礦和分離

篩分、粗篩和篩選的處理請見§72。若要選擇礦物，有許多可使用的方法，而在這些方法中，最重要的程序為水處理程序。

475. 循環轉動選礦桌。最輕量的微粒會從邊緣排出，最重顆粒則會留在中心。

一般的帶磁性的機器，是用來把鐵或鋼的微粒從混合金屬中分離出來，此機器包含

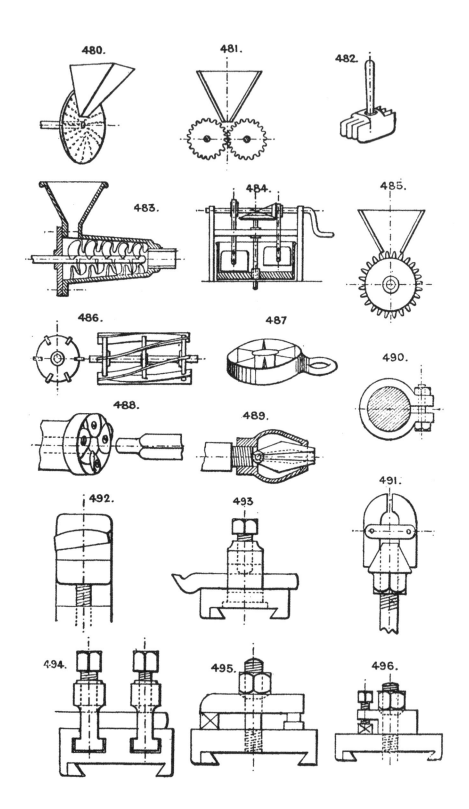

480. 481. 482. 483. 484. 485. 486. 487. 488. 489. 490. 491. 492. 493. 494. 495. 496.

一連串穿過原料的磁鐵，然後磁鐵再穿過固定式刷子，這些刷子能刷去附著在磁鐵上的鐵微粒。

476. 從穀物等原料中分離出灰土，透過原料從漏斗落至另一個漏斗時，一連串原料所產生的氣流進行分離工作。亦見 #1268、1270。

477. 選礦器；任一邊都具有循環橡膠皮帶和法蘭（見#1082），能進行慢速縱向運動和快速搖洗運動，如「佛羅（Frue）帶選機」，或末端朝上的「恩布雷」（Embrey）選礦機；水流會流過礦物，

重型微粒便會沉澱在皮帶上，泥沙則會被沖洗掉。

478. 波振機，用於分離礦物，透過水中活塞運作，會將重型部分沉澱至水底，輕型部分則會從頂部移除。

透過不同物質來過濾——例如沙、木炭、煆礦等，此裝置用來將懸浮物質從液體中分離。

利用槽中物質進行分離選礦的裝置，用於石灰，與#1571相似。

很多時候，化學沉積和蒸發是必要的方式。

第27節 細切、切片和切碎

479. 此裝置有圓盤式切割器、輻射狀切刀和溝槽；用於切割根莖等。

480. 圓盤式切割器，且有楔於不同孔洞中的小切刀，切割物會成為碎屑並脫離切割器。

481. 旋轉切割滾輪。

482. 手動切碎複合式刀具。

483. 螺紋錐形旋轉切割機，若是圓錐形，則內部會有凸出的刀具。此形式是常見的切碎機。

484. 二個或多個矩形切割機，會在旋轉盤中進行垂直往復運動，以執行切碎工作。

485. 單滾輪旋轉切割機。

486. 旋轉螺紋切割機，用於常見的剪草機，此形式由固定式直刀或刀片構成。

487. 蘋果切片器和去果核機（切割機）。蘋果會向下通過切割機，然後分為數個部分和中央圓柱型果核。亦見§24。

第28節 夾頭、夾子和夾持具

用來夾抓物品的常見裝置，組成部分有一般老虎鉗、鉗子、鑷子、細木工手旋螺釘、夾鉗台式虎鉗、平口虎鉗、瞬時夾抓虎鉗等。

488. 空心夾頭，具有輻射狀刀具，用於修圓木桿。亦見#458。

489. 鮑伯爾（Barber）的專利夾子，適用於鑽頭柄、曲柄鑽頭等，具有方形錐柄。

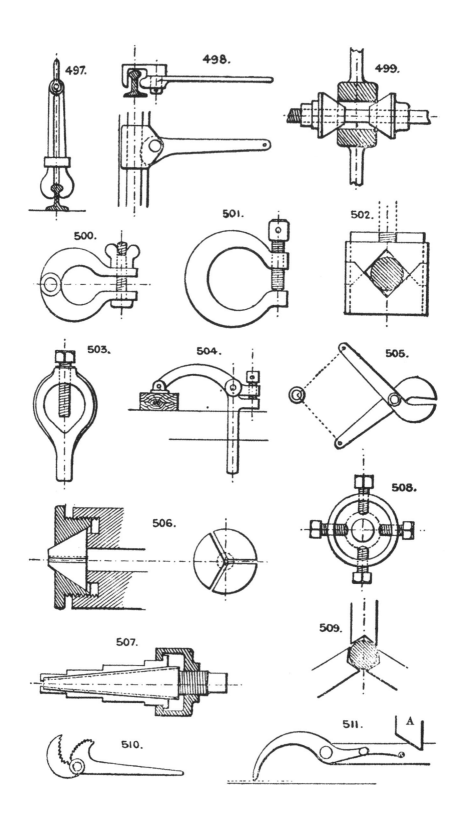

497.

498.

499.

500.

501.

502.

503.

504.

505.

506.

507.

508.

509.

510.

511.

A

490. 套管夾子和螺栓，或固定螺釘。

491. 圓椎和螺紋槓桿夾，具有二個或多個顎夾；僅有二個顎夾的形式適用來做為小型虎鉗使用。

492. 錐體夾，用於老虎鉗。

493. 工具匣，用於車床、刨床等，具有中央旋轉夾刀柱和固定螺釘。

494. 工具匣，T 形溝槽的滑動刀架上有二個工具台和固定螺釘。

495. 工具匣，上有夾緊螺釘和夾板，可旋轉至任何角度。

496. 此為#495的改造形式，工具會由固定螺釘固定於夾板上。

497. 軌道夾鉗，用於夾抓起重機、車輛，並將其放置於軌道上。

498. 凸輪槓桿軌道夾鉗，適用於斜面上的安全鉗；通常經由牽引索折斷處釋放的彈簧來執行工作。

499. 錐形定心夾具，用於機器工具。

500. 鉸鏈連接鉗，附有螺絲釘和螺帽。

501. 鉗工用鉗子（fitter's clamp）或稱鉗工用夾鉗（fitter's cramp）。

502. V 形夾抓老虎鉗，用於圓桿和管子。經常製成多個V字形，以抓住如鑽頭等圓柱形物品，此亦為鑽頭夾頭的常用裝置。

503. 車床載體，用於圓桿、心軸等。

504. 台式夾鉗；用於進行將物品固定於要操作的工作台上；工作台鑽有一連串的孔洞，以安置夾鉗的垂直支架。

505. 夾鉗，用於抽製台（draw bench）等裝置，顎夾的夾口會隨著鍊條拉力而變大。

506. 分裂式錐形內張式夾頭，適用於拉桿等物品。中央錐形體會分裂成三或四部分，螺紋環或夾頭會在任何插入中央孔洞的圓柱形物品上，收縮分裂的椎體。

507. 勒孔特（Le Count）的專利膨脹心軸，具有裝入錐形心軸內鳩尾槽的錐體和三個滑動的凸起部。凸起部的移動路徑受到限制，裝置會提供節距，供其容納不同尺寸的孔洞。

508. 鐘型夾頭和固定螺釘，用於車床。

509. 三顎夾（three jaw grip），又稱固定軸承（stay bearing），適合做為長軸或心軸的穩定器。

510. 管鉗，會自動夾抓；有多個使用中的改造形式。

511. 紙夾，用於夾住紙張；在機器運作路徑上任一點設置停止板A以釋放紙張。

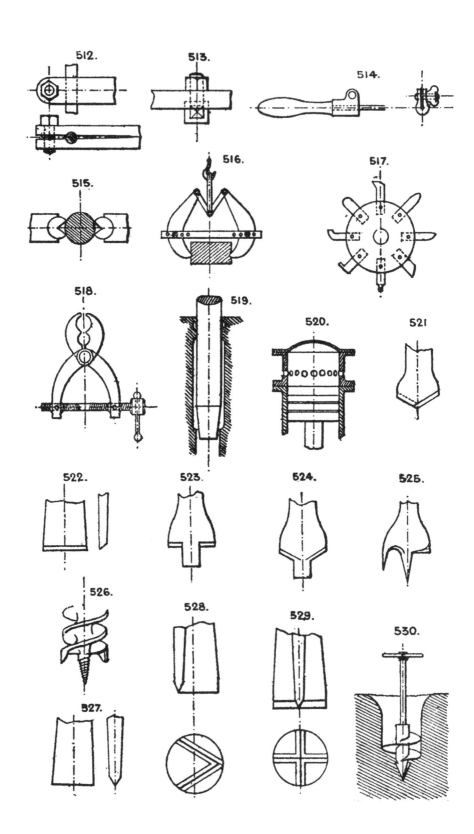

512.

513.

514.

515.

516.

517.

518.

519.

520.

521

522.

523.

524.

525.

526.

527.

528.

529.

530.

512. 分裂式條狀夾（split bar grip），又稱工具架（tool holder）。

513. 有眼螺栓工具架。

514. 手持夾板，用於手持小型工具。

515. 自動調整顎夾，用於圓形物品。

516. 可調式鴨嘴鉗，用於提起重石、盒子等。亦見#761。

517. 旋轉夾刀柱（revolving tool post），又稱旋轉夾刀頭（revolving tool head），用於裝載多種工具，在特殊的重複旋轉工作中，工具需按特定順序裝載使用。

518. 雙螺旋鴨嘴鉗

亦見#944、912、9118、917、919、923。

一般三或四顎夾夾頭、有中央螺絲釘或叉桿的木製夾頭，以及多種不同自定中心夾頭，皆廣為人知。請見工具製造者的清單。

心軸夾，見#917、918、919。

三或四顎夾夾頭有多種形式，都具有萬用或向心裝置，且配有獨立顎夾。見何頓（Horton）、卡什曼（Cushman）、史威特蘭（the Sweetland）、普拉特及惠特尼（Pratt and Whitney）、威斯克特（Westcott）以及其他人的專利，專利擁有者主要為美國人。

如同一般爪形夾頭一樣，夾頭（#1384）和螺旋顎夾有多種組合形式，。亦見#1378和1381。

第29節 緩衝器

用以抑制擊打帶來的影響，或更普遍的是用來抑制機器重型可移動零件的動量。使用的裝置包括 (a) 彈簧，見§80；(b) 汽缸，見#1480；(c) 受彈性流體（例如蒸氣和空氣）驅動的活塞，可透過在汽缸的各端堵住部分流體，以做為襯墊使用；(d) 多種煞車，見§5。

519. 液壓緩衝。遞減柱塞，錐形端是逐漸收窄的排水口。

液壓緩衝器便是依此原則製成。

520. 緩衝裝置，位於汽鎚汽缸的上端。

活塞應通過排氣孔，上方蒸氣會遭堵住，不需震動即可抑制活塞。

第30節 鑽孔、穿孔等

除了常被使用的手錐、錐鑽、栓銷和曲柄鑽頭以及螺旋鑽等無需多加描述的一般工具之外，以下工具也十分重要：

521. 此為用於金屬物品的一般V形鑽頭。

522. 平端（flat point）鑽頭，又稱「平底」（"bottoming"）鑽頭。

523及524. 鑽錐坑鑽頭，適用於金屬。

525. 中心鑽，適用於木材。

526. 扭絞鑽頭，適用於木材；它能自己清潔鑽孔。有多種圓形的刀刃。

527、528及529. 鑽岩機（rock drill），又稱「鑽孔機」（jumper）。

530. 地鑽（earth borer），又稱螺旋形錨定塊（mooring screw）。

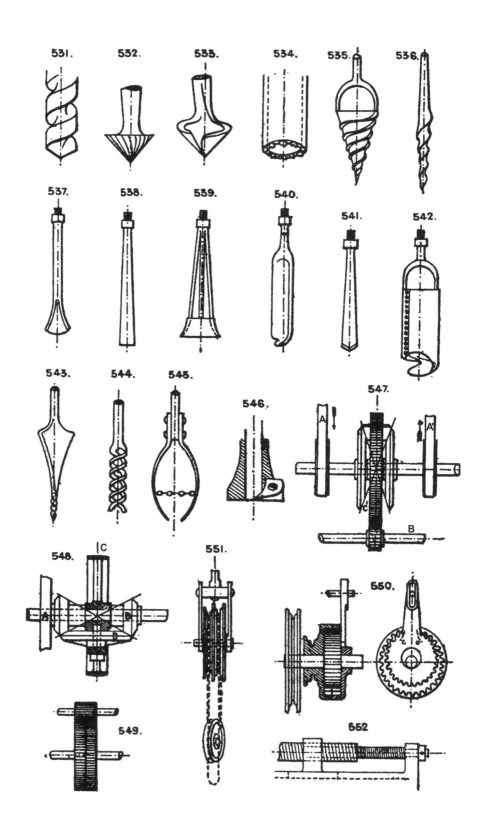

531. 螺旋鑽，適用於金屬。

532及533. 錐坑鑽，適用於木材。

534. 金鋼石鑽，適用於石材；會鑽出一個環狀孔，其中心會間隔性地進行破壞。

535至545. 鑽井工具，適用於不同類型的地層；這些工具可用來抬起損壞的桿狀物等。

546. 空心鑽孔切刀，用以在中央核心上切出肩側部分；鑽頭用暗榫接合。

第 31 節 差速齒輪 在兩個不同的運動零件之間，利用速度或力量差運作的裝置。

547. 差速箱。兩個傳動軸A和A' 以反向等速運作，將能以相同周轉速驅動斜齒輪，而不旋轉軸上的活動平齒輪 C'；但任何A和A' 的相對速度變化都會驅使斜面小齒輪繞圈活動，並以兩速度差的一半速度來帶動平齒輪 C'。這種齒輪用在牽引引擎上，是用來驅動旋轉輪繞行曲線，其中輪子旋轉的比速將會跟著曲線半徑而變化。以這個齒輪的應用來說，B是驅動軸，而 A和A' 則是帶動旋轉輪。

548. 此為#547的改造形式。

可以透過任何手動或自動裝置迅速控制小齒輪 A，以改變驅動小齒輪B的速度。皮帶輪C會帶動斜面輪D繞圈，以不同於使A動作的速度來驅動B。

549. 兩輪（兩者的齒輪數不同）傳動至一個小齒輪；用於計數器以及所有類型的減速裝置。

550. 此為透過內部或外擺線齒輪將#549應用至滑輪組上。摩爾（Moore）的專利（#1545）和皮克林（Pickering）的專利即為範例。若使用兩個齒輪數不同的內部未固定輪子，以及一個如#1545的小齒輪，則無需圖上所示的支架；但若使用的輪子已固定在小齒輪上避免轉動，並同時保留環狀橫移裝置，則一個內部輪子是可移動輪，另一個則是固定輪，其速度會與偏心軸的每次旋轉時，未固定輪和小齒輪的齒輪數差異相同。

551. 衛司吞（Weston）的差動滑輪組，包含具有不同齒輪數的雙槽傾斜鍊條式槽輪，與返回座和循環鏈結合使用。

552. 差速螺絲。這些螺絲可能是同一側旋，或一個是右旋而另一個是左旋，加上透過比例調節螺距，以保持任何微小速度。

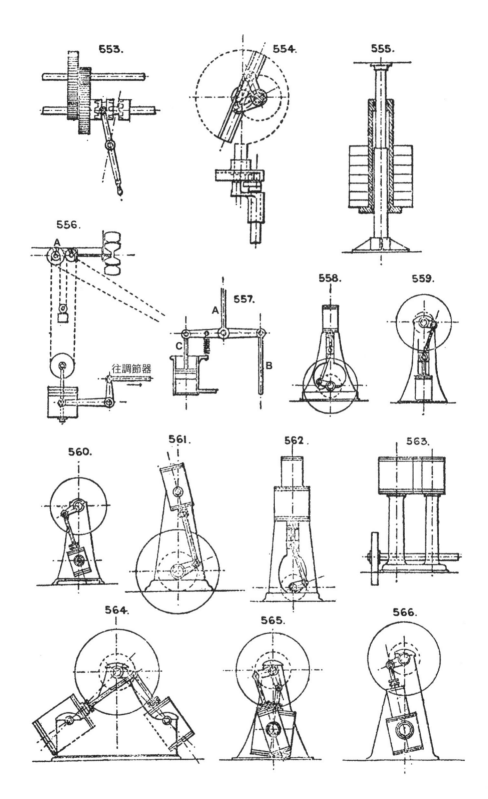

553. 554. 555.

556.

A

往調節器

557.

A

C

B

558. 559.

560. 561. 562. 563.

564. 565. 566.

553. 雙速齒輪，透過雙重離合器操作，該離合器會依需求將任一對投入齒輪中。

554. 史都華（Stewart）的差速齒輪。雙曲柄，一個固定於套筒，另一個固定於中軸上，由與驅動軸一同旋轉的有槽十字頭帶動兩個曲柄，以不同速度繞圈運作。兩個曲柄不會位於同一條線上。

555. 差速液壓蓄能器。柱塞的有效範圍是環狀肩側處，或是頂部與底部柱塞間的差異範圍。

556. 差速調節裝置。原動力會驅動A以捲起重砝碼，而輕砝碼會向下移動，以驅動風扇調節器；調整砝碼使裝置達適當速度時，兩個砝碼皆靜止不動；任何速度上的改變都會使砝碼向上或下移動，因此可透過鐘型曲柄和拉桿來使調節器運作。

557. 變差速調節器。上方拉桿A與調節器閥門或其他裝置相連，能接收活塞（動作為抵制彈簧作用）或拉桿B（附屬於某些主動式往復運動零件）的運動，因此A的淨動作是源於B和活塞C的運動。

差速蝸輪，#1559。

第 32 節 引擎類型

以下圖說是使用中最重要的蒸氣引擎形式，希望能從受考慮方案中，針對外形配置提供選擇基礎，無需參考細節亦可。

● 立式引擎

558. 頂上汽缸引擎。

559. 頂上曲柄引擎。

560. 頂上曲柄引擎，汽缸擺動。

561. 頂上汽缸引擎，具有擺動汽缸。

562. 頂上串聯複合式引擎。

當然，562和563這些類型皆可以翻轉，而曲柄固定於頂上。

563. 頂上雙複合式引擎。

564. 頂上單曲柄複合式擺動引擎，汽缸位於直角和接受器之間。

565. 頂上雙曲柄複合式擺動引擎，與接受器。

566. 頂上曲柄複合式串聯擺動引擎。

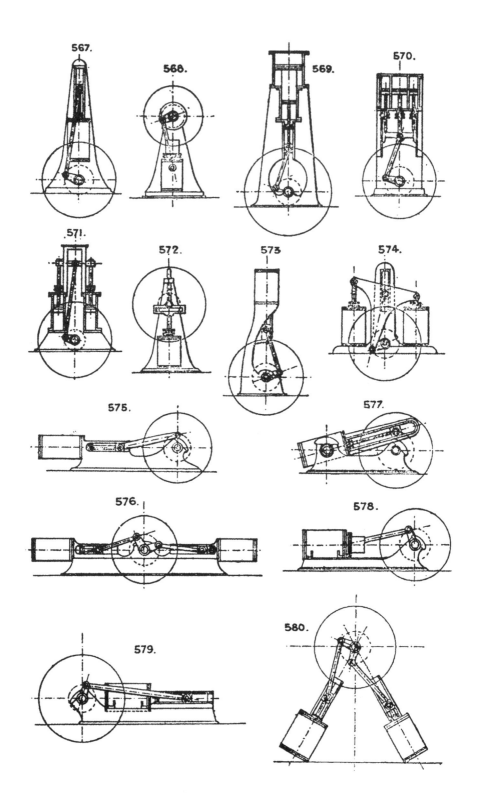

567. 568. 569. 570.

571. 572. 573. 574.

575. 577.

576. 578.

579. 580.

567. 立式引擎，附有頂部導板、雙連桿，以及下方曲軸。

568. 立式筒狀引擎。

請注意：筒狀設計可適用於任何上述形式，並可裝設在需要非常短的引擎的地方。

569. 立式三重複合式引擎，單動式汽缸。高壓蒸氣會在小型活塞的下方先作用，然後擴大至大型活塞的環形下方，最後擴大至大型活塞的上方。

570. 立式複合式引擎，具有環形汽缸。中央汽缸是高壓，環形汽缸是低壓。

571. 立式環形汽缸引擎，下方有曲柄。

572. 立式有槽十字頭引擎。

573. 標準立式引擎；此形式受到大量使用，且具有許多優點。

574. 雙汽缸引擎，具有T形連桿。（伯內〔Bernay〕的專利。）

●臥式引擎

575. 箱型底架引擎，高壓。

576. 箱型雙底架引擎，末端互相連結。

577. 擺動式汽缸引擎，具有十字頭引導。

578. 筒狀引擎。

579. 回式曲柄引擎。

當然，這些類型皆可並排倍增。

580. 斜置引擎。亦見#564。

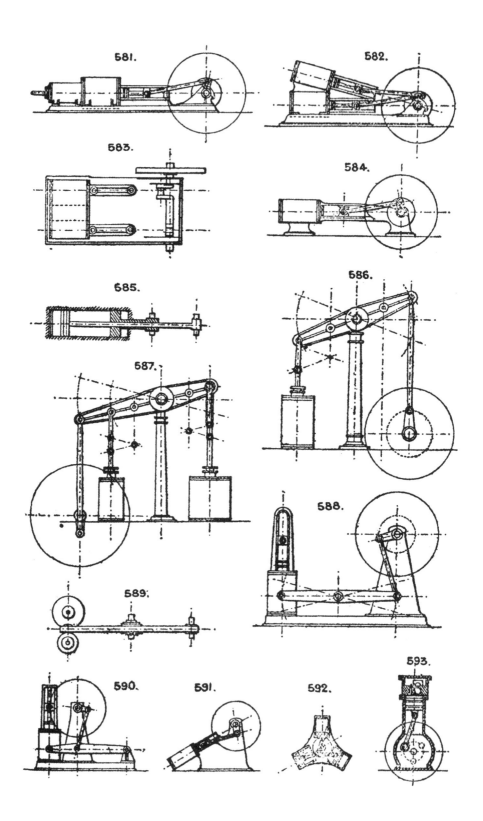

581. 臥式串聯複合式引擎。

582. 格羅威（Galloway）的傾斜複合式引擎。

583. 雙汽缸複合式引擎，有接受器，且曲柄成直角。

584. 筒狀底座引擎。

585. 雙活塞引擎。活塞有時會以直角連接至兩個曲柄銷。

冷凝器（見§25）可能會受到以下方式驅動：(a)受臥式引擎驅動，或透過延續活塞桿來推動；或(b)可能會在水平下方透過連結至主要十字頭的立式搖動桿來運作；或(c)透過連結至主要十字頭的鐘型曲柄，在下方垂直運作；或(d) 透過分離式小型蒸氣汽缸獨立運作；或(e)透過來自曲柄軸的連接桿或齒輪裝置。

若要了解噴射冷凝器，請見§25。

●天平式引擎以及其他

586. 一般柱式和頂上天平式引擎。

587. 具有延伸天平和雙汽缸，無論是複合式引擎，或單一汽缸，皆可能形成泵浦或鼓風汽缸。在某些設計形式中，高壓汽缸和低壓汽缸會並排放在一起，並透過經改良的平行裝置來連結至相同天平端。

588. 側桿引擎。

589. 天平式引擎的設計，具有複合式汽缸。

590. 移動型天平式引擎。

591. 斜置引擎。

592. 三或四汽缸高速引擎，具有單動汽缸。

593. 立式高速單動引擎，具有一個或多個汽缸。

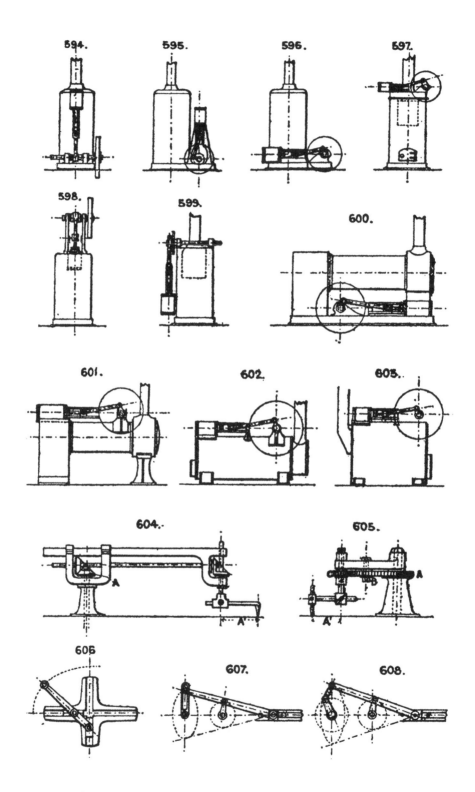

第33節 引擎和鍋爐結合形式 （亦見§6鍋爐）

●立式形式

594. 此引擎形式中，鍋爐會成為支撐引擎零件的支柱，但最好應將這些零件固定於栓住鍋爐的立式底盤上，或如同#595的形式。

595. 任何類型的立式引擎和立式鍋爐皆能與此設計形式結合。

596. 立式鍋爐（任何類型）以及臥式引擎（任何類型）。

597. 任何類型的立式鍋爐，頂部上有短程臥式引擎。

598. 立式鍋爐，具有沉入頂部中心的汽缸。

599. 頂上曲柄引擎和鍋爐，後者組成固定引擎零件的底座。

●臥式引擎

600. 鐵路機車型半固定臥式引擎。

601. 鐵路機車型半固定臥式引擎，引擎設置在上方。若放置在輪子上，此類型會構成知名的「可攜式」形式。

602. 臥式半固定鍋爐，上方配有圓柱殼和引擎。（見#72）。

603. 臥式半固定鍋爐，下方配有火箱。（見#71）。

第34節 橢圓運動

●立式形式

604. 橢圓規；透過齒輪傳動作用；斜面輪A是固定式，另三個斜面輪會和整個機器一起在固定的中心標準上旋轉，距離A'應等於主要和次要橢圓軸間的距離差。

605. 以相似的方式進行相同運作；A是固定，B與A的直徑相同，以及C=A和B直徑的一半。

606. 普通桿規（trammel），又稱橢圓規（ellipsograph）。

也有僅用來描畫橢圓的其他形式用具，詳見耐特（Knight）的《力學辭典》（Dictionary of Mechanics）。見§40桿規齒輪。

607及608. 橢圓規或橢圓曲柄的兩種形式。

亦見#144。

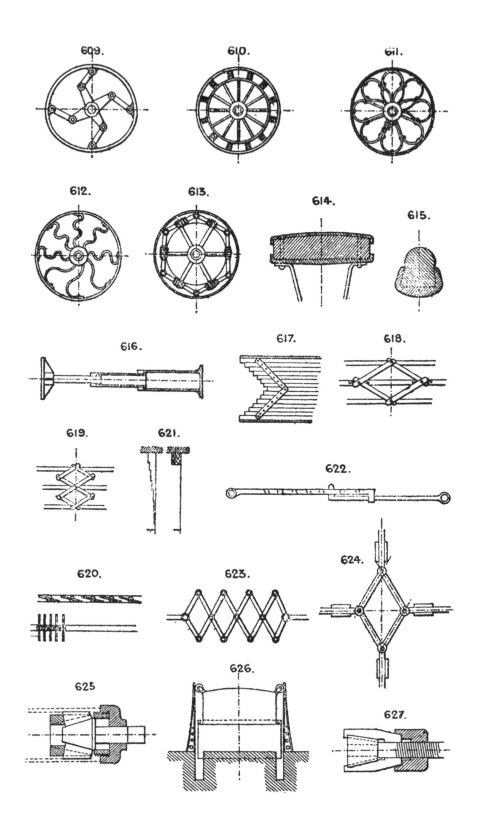

609.

610.

611.

612.

613.

614.

615.

616.

617.

618.

619.

621.

622.

620.

623.

624.

625

626.

627.

第35節 彈性輪

具有彈性輪胎的輪子是常見的形式。這類輪子在固定輪胎外，具有未固定的無氣輪胎，以及在輪胎間插有各種形式的彈簧。（見§80，彈簧。）

609. 赫胥黎（Huxley）的輪胎，具有彈性輪胎和能彎曲的輪輻。

610. 雙輪胎且中間有彈簧的輪子。

611. 兩種設計形式的彎曲輪輻和彈簧結構。

612. 兩種設計形式的彎曲輪輻和彈簧結構。

613. 具有一個外部橡膠輪胎，以及一個內部硬環，張力或壓縮彈簧會固定於其上。

614及615. 橡膠輪胎的部分零件。

　　輪子亦由橡膠環製成，並裝置於轂和軸之間，以讓輪和輪軸之間能有有限的彈性量。

第36節 伸縮裝置

針對這類目的，常見應急方法有像是木工尺等有接縫的折疊桿、套筒伸縮管、網狀結構、對角交叉和有接縫的條狀物、格柵結構、彈簧（見§80）、伸縮鉗（#623）。

616. 望遠鏡的柱塞液壓升降機。（亦見#1217）。由兩個或多個彼此間滑動的柱塞所組成。

617. 平行條狀擴張格柵或柵門。

618. 平行條狀擴張格柵或柵門，具有伸縮鉗裝置，每個交替條都有槽孔洞，如圖所示。

619. 此為#618的改造形式。水平條可以無限增加。

620. 百葉窗；此方法亦用於移動式門或隔牆，可水平移動。

621. 百葉窗，但板條或橫條沒有旋轉裝置。

622. 有孔條以及鉤狀吊桿。

623. 伸縮鉗擴張式連桿

624. 四導向擴張式連結裝置，使用於多變化的裝置。

625. 索本（Thorburn）的擴管器，透過中央圓錐體和圓錐滾子環來操作。

626. 量氣計。

627. 提姆斯（Timms）擴張搪孔刀具。透過中央圓錐體以及三個或多個斜面滑鍵，並在中央圓錐體的鳩尾榫槽中滑動。

　　膨脹心軸，見#507。

　　擴張夾頭，見#489、491及506。

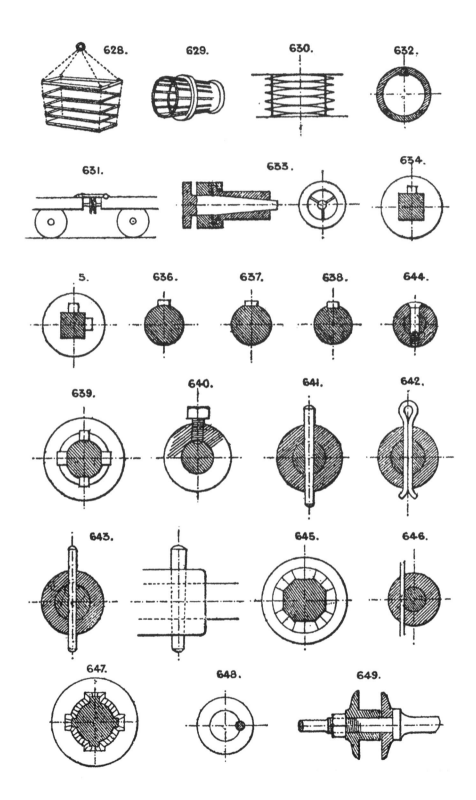

628. 629. 630. 632.

631. 633. 634.

5. 636. 637. 638. 644.

639. 640. 641. 642.

643. 645. 646.

647. 648. 649.

628. 擴張籃，具有鏈角吊索。

629. 擴張接頭，具有滑動環狀握柄。

630. 擴張格柵，邊緣有彎曲鋼板條。

631. 車子間的過渡架或擋板，具緩衝器。

632. 擴張心管，有三個部分，透過楔子進行擴張。

633. 膨脹心軸或夾頭。亦見§28。

膨脹接頭，見#1076、1077。

膨脹管，見#1079。

第 37 節 將輪子固定在軸上

除了趁熱將輪子收縮固定於軸上的普通設計之外，以下是使用中的主要裝置：

634. 方軸和單鍵。

635. 方軸和呈直角的雙鍵；除非方軸經機器加工可符合孔洞尺寸，否則方軸永遠應使用雙鍵。

636. 圓軸和鞍鍵。

637. 圓軸和平鍵。

638. 圓軸和沉鍵。

639. 軸用扣環緊固件，四鍵，通常位於軸上切開的平面上，但若能稍微沉入軸中更佳。

640. 除了輕型應變外，皆無法依賴此裝置。

641. 錐形銷。

642. 開口銷；總是用於可能鬆動運作的銷、螺栓或中央點。

643. 惰輪和溝槽。

644. 將銷釘以螺絲鎖緊穿過輪軸和輪轂。

645. 鑄鐵的八邊軸，具有四鍵，或該四鍵可能鑄造於軸上。

646. 通過軸側的銷栓或銷。

647. 大型輪子有時會在鑄有滑鍵的方軸或八邊軸上，楔入其四周的鐵和木製楔子。

648. 固定螺絲釘，一半栓入軸，另一半則栓於輪上。

649. 以螺絲栓緊的軸、螺帽和夾板；用於砂輪、磨石、圓鋸和銑刀。

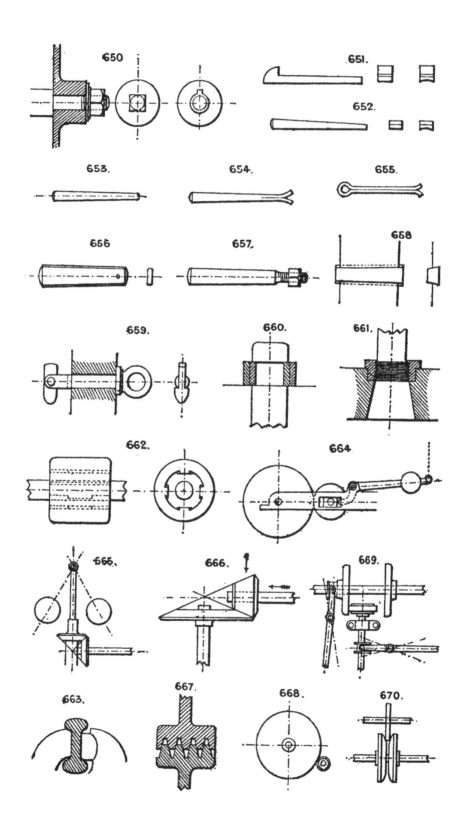

650

651.

652.

653.

654.

655.

656

657.

658

659.

660.

661.

662.

664

665.

666.

669.

663.

667.

668.

670.

650. 以螺絲拴緊的尾端和螺帽，輪中的孔洞是方形，或是圓形且符合鍵。

651. 嵌條端錐形鍵。

652. 平頭錐形鍵。

653. 錐形圓銷。

654.、**655.** 分裂銷（圓形）。

656. 銷栓和開口銷。

657. 銷栓和螺帽。

658. 鳩尾榫錐形銷，或固定以適用於凸起物、切割器或支架。

659. 自鎖銷；無法向外運作。

660. 開口軸環和環狀緊固件，有時會用來替代螺帽和以螺絲拴緊的尾端；內環分成兩半。

661. 活塞桿緊固件。

662. 鎖定滑鍵和楔形緊固件，適用於滾輪等物，可阻止終端運動。

663. 鐵路椅鍵。

第 38 節 摩擦齒輪

摩擦齒輪應用廣泛，此類齒輪主要的缺點是軸承上的壓力過大，應給予足夠抓力以驅動齒輪。

664. 用於起重用途之平行摩擦齒輪的常見形式。見#1211。由負重槓桿給予必要壓力。

665. 摩擦斜面、平面，用於調速器主動操作等。

666. 摩擦斜面，小齒輪通常是硬質皮革，壓力可能會朝任一箭頭方向施加。

667. 多種V形齒輪。常見的錯誤是讓這些齒輪運作至太深處；接觸表面愈窄，抓點或壓點就愈短，因摩擦而浪費的力量也會愈少。

668. 非常小的皮革、木質或橡膠小齒輪通常會受到大型主動輪帶動，以獲得穩定的高速，用於驅動發電機、風扇等。

669. 碟輪和橡膠小齒輪，配置這些裝置以反轉動作或改變速度。見#1595。利用小齒輪將任一輪子投入齒輪中來反轉裝置，並藉由提高或降低小齒輪來任意改變速度，用於螺旋壓機。

670. 楔形摩擦齒輪。

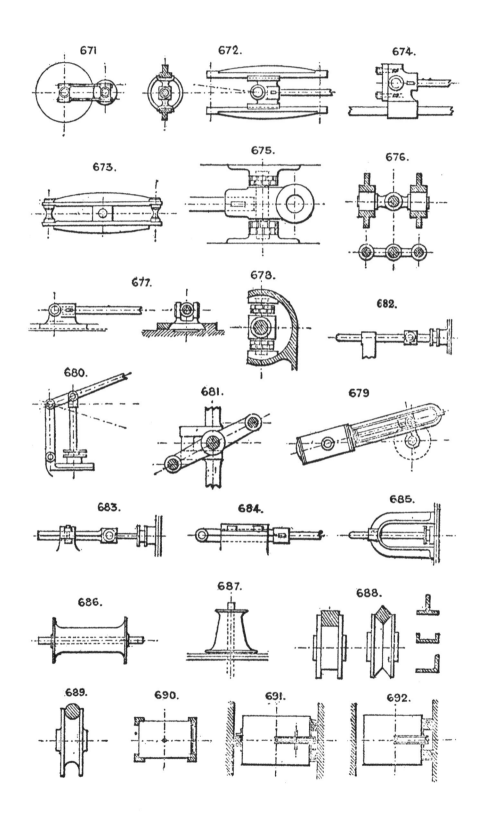

671. 摩擦齒輪的耦合軸承，用來允許任何必要的壓力或「咬合」，本身就能適應應變。

第 39 節　導軌、滑軌等

● 活塞桿導軌

672. 兩個條桿和十字頭；這些必須距離夠遠才能為連桿創造角度。

673. 四個條桿、十字頭以及滑塊；連桿會在兩組導軌之間運作。底部導軌通常與機座牢固地鑄造在一起。

674. 條桿和滑動零件。

675. 可調整式滑動零件；還有其他透過楔形塊調整磨耗裝置的方法，與#19相似。亦見#21。

　　平面導套有時也會如#682般運用，而且具有長形叉的叉狀連桿連結至軸頭或十字頭。

676. #673以及兩個圓條桿導軌之替代十字頭的剖面圖。

677. 滑動托板和滑動零件。

678. 主體導軌的剖面圖，此部分會與引擎機座和鑄造在一起，並向外穿孔。

679. 擺動式汽缸活塞頭導軌。

680. 擺動式支軸以代替導軌。

681. 斜面十字頭和導條，讓曲柄和連桿端能通過導條。

● 閥桿導軌

682、683、684及685.

● 導軌滾輪

686.及687.繩索等物所用之導軌滾輪。

688及689.條桿用導軌滾輪的多種剖面。

● 吊升和吊車導軌

690.由四個角柱引導的罐籠。

691及692. 在兩條垂直軌道上運作的罐籠，並由第三條導軌維持穩定。大型罐籠適用。小型罐籠僅需一側的導軌即可，如#692。

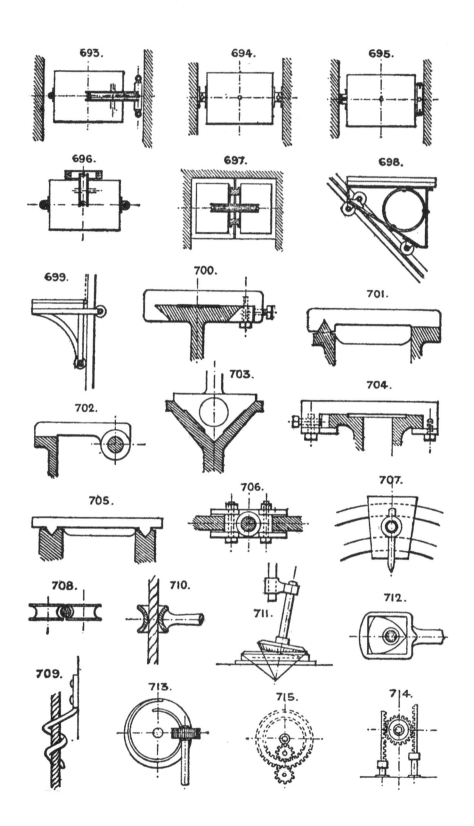

693. 鐵絲或桿狀導軌，會拉緊，有時會使用此形式做為罐籠的導軌（尤其是在礦場中時）；會使用兩條此形式導軌來引導罐籠，然後另外兩條用來平衡重量。

694. 鎚平的圓形鐵製導軌，籠子上裝有半圓固定托架和轉輪；這些導軌等於刨平的條桿，且成本更低；兩個此類導件通常足以用於任何罐籠。

695. T、L或凵型鐵製導軌，用於抬升物品。

696. 鋼纜導軌，具有用來平衡重量的一對分離木質導軌。

697. 雙籠升降機的中間導軌；若要用於大型罐籠，各側應使用額外的導軌。

698. 斜坡台車導軌。

699. 垂直托架罐籠導軌。

● **機器導軌基座**

700. 雙V形基座，具有固定螺絲調整裝置。

701. 用於刨平機器的導軌基座，或用於運作時基座不易抬升的機器。

702. 圓條和扁平導軌基座。

703. 深V形導軌；多用於十字頭、工具箱等需要精確移動的器具。

704. 車床基座，具有磨耗器具用的方形導軌和調整裝置。

705. 刨平機器，雙V形基座。

706. 用於兩個單條桿導軌的十字頭，具有可更新的防磨條和方形導軌平面。

707. 工具箱的輻射狀滑軌，通常與#700的剖面相同。

● **繩索導軌**

708、709及710；#709的繩索可以在不穿過尾端的情況下穿繩。

第 40 節 多種裝置中的齒輪裝置（不另分類）

711. 錐形旋轉齒輪。應用於收割機。亦見#1264皿篩。

712. 三角偏心輪，用於在每個衝程尾端取得旋轉三分之一的暫停空間。

713. 面板（face plate）蝸形齒輪。

714. 雙齒條和小齒輪。

715. 雙大齒輪。

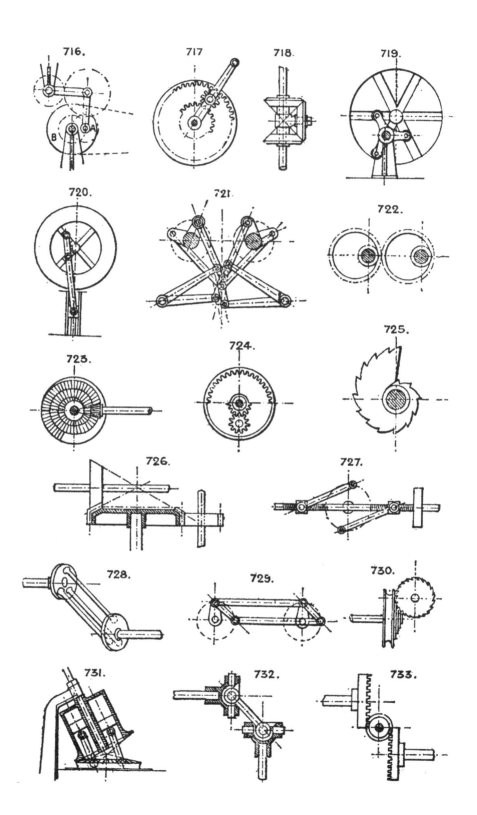

716. 717 718 719.

720. 721. 722.

723. 724. 725.

726. 727.

728. 729. 730.

731. 732. 733.

716. 偏心齒輪裝置；A 輪固定在主動輪B輪的曲柄銷上，以與A輪和從動輪直徑成比例的速度來驅動由虛線表示之齒輪。

717及718.周轉齒輪（epicyclic gear）的形式，又稱行星齒輪（planet gear）的形式。可以透過固定其中一個或另外三個輪子，然後讓其他兩個輪子轉動的方式，來執行多種驅動齒輪的模式。見§31差動齒輪。

719. 多種橢圓齒輪。小齒輪是輪子直徑的一半，並可讓其中一個輪子旋轉兩圈。

720. 橢圓曲柄齒輪；曲柄旋轉一圈，距離為兩倍的槓桿雙衝程。

721. 奈特（Knight）的無聲齒輪裝置，可讓兩軸向相反方向運作。每個軸各有兩個呈直角的相等曲柄，透過搖臂的連結來耦合，且搖臂亦成對耦合。

722. 偏心變速齒輪裝置。

723. 渦形斜面齒輪。

724. 分段旋轉齒輪，目的為在單次旋轉的部分期間獲得兩種反向速度。見§74旋轉齒輪。

725. 蝸形輪（snail wheel），又稱渦形棘輪（scroll ratchet）。

726. 組合式齒輪和斜面輪。

727. 雙螺旋齒輪，適用於轉向齒輪等。

728. 多角形球窩曲柄裝置。

729. 曲柄齒輪裝置，位於朝同方向運作的兩軸之間。見#187。曲柄應與#174或175相似。

730. 蝸型齒輪。

731. 斜置引擎（diagonal engine），又稱斜面泵（diagonal pump），具有斜面齒輪旋轉裝置以及三個或多個汽缸。

732. 夾角聯軸器，以虎克博士定律為基礎。見#292。

733. 蝸形和冠狀齒輪。用於切割機；有助於在兩個軸上以反方向緩慢進料。

734. 球形輪，具有有限角度的橫行齒輪裝置，可嚙合至一或兩個小齒輪上。

735. 渦輪和支架。

736. 變速齒輪，從一個橢圓形或其他不規則形狀的主動輪開始，與連結的惰性中間輪結合。

737. 彈簧摩擦夾鉗輪。

738. 間歇可逆式進給運動。小齒輪由皮革製成，驅動分節，直到齒輪用盡；在機器反轉時，會朝反方向運行相等距離。

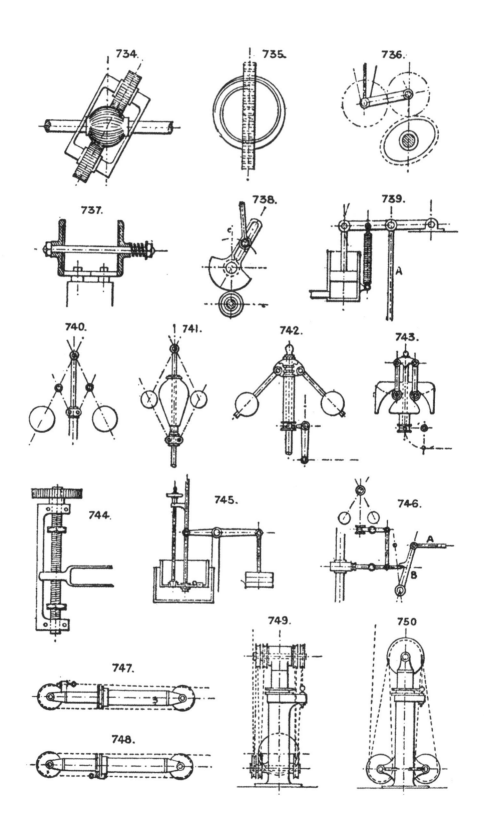

734.

735.

736.

737.

738.

739.

A

740.

741.

742.

743.

744.

745.

746.

A

B

747.

748.

749.

750.

第41節 控制和調節速度、力量等

739. 此為透過小活塞上的壓力，使其運作對抗彈簧張力，以改變主閥門（連結至A桿）開啟速度的裝置。

740、741、742及743. 是不同類型的離心式調速器，有各式各樣的類型可供使用。

要控制泵浦引擎，可以讓總立管中的水壓累積在豎管或相等裝置中，水壓過高時就會停止引擎。若要避免這類引擎失控問題，可以使用集水器，藉由水壓保持引擎開啟；若壓力低於特定點，便會釋放集水器，並關閉節流閥。

亦能以相同方式，在調節器完全擴張後，透過釋放集水器和關閉節流閥來保護蒸汽引擎。

744. 螺絲和螺帽裝置，用來控制任何機器的運動（例如抬升），透過倒轉皮帶或在任何特定旋轉圈數後投出栓鈕，使機器運動受到止動螺帽的調整。

745. 水力制動機是其中一種最古老的調節裝置。該機器必須包含一個容器，該容器會藉由引擎的單衝程運動裝滿水，然後在逆程期間透過調節孔洞排空自身水量，而在所有水量排出前，會因反轉運動而無法進行閥門運動。

746. 汽油引擎調節器。A桿會透過引擎進行往復運動，而B槓桿上的齒輪會藉由調節器的動作而排成一列，觸發汽油閥門滑動器的尾端，因此，僅在調節器降至特定點時，才會供給汽油。

差速調節器。見#556及557。

第42節 液壓增速齒輪

747. 是一般的「鏈條與槽輪」倍增齒輪，不相等地配齒：

柱塞端	汽缸端	
1個槽輪	1個槽輪	齒輪是3:1
2個槽輪	2個槽輪	齒輪是5:1
3個槽輪	3個槽輪	齒輪是7:1
依此類推		

748. 是一樣的設計，但相等地配齒：

柱塞端	汽缸端	
1個槽輪	沒有槽輪	齒輪是2:1
2個槽輪	1個槽輪	齒輪是4:1

3個槽輪	2個槽輪	齒輪是6:1
依此類推		

749. 此槽輪的配置適合垂直運作，齒輪是8:1。

750. 此槽輪的配置適合垂直運作，但齒輪是6:1。

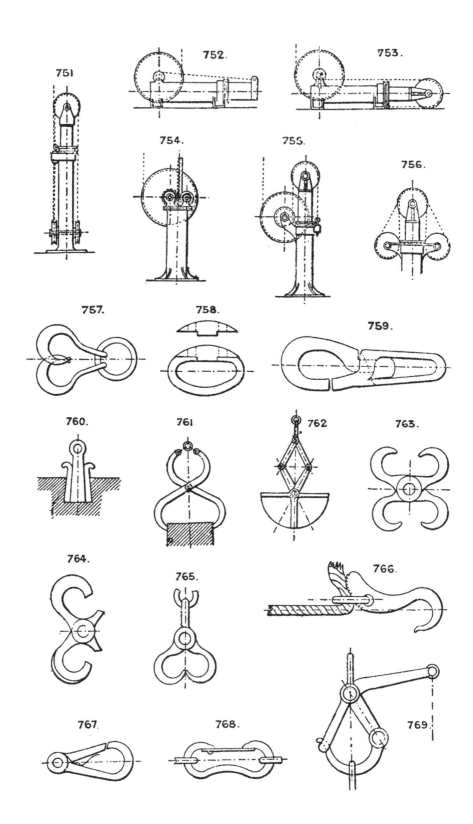

751. 此槽輪的配置適合垂直運作，但齒輪是 4:1。

752. 史蒂文森與梅杰（Stevens and Major）的專利，適合水平運作。鏈條的角度能協助支撐柱塞的重量。

753. #752的改造形式，有時會受到運用；適合水平和垂直位置，與任何必要的增速共同運作。

754. 齒條；短衝程活塞汽缸設計。

755. 雙繩立式柱塞齒輪。

756. 槽輪皆位於汽缸上端的配置形式。

若要了解望遠鏡的液壓升降機，見 #1217及616。

液壓平衡齒輪，見#371、373。

第43節 鉤、旋轉環等 若要了解鏈條和連結環，見§11。

757. 雙鉤（double hook）又稱夾箍鉤（match hook）。

758. 分裂環。亦見於常見的鑰匙圈。

759. 自鎖鉤，具有斜面肩和銷。

760. 常見的「鳩尾起重爪」。

761. 自夾式爪軋頭。亦見#516、505。

762. 抓斗，依據相同原則的形式。

763、764及765. 雙 S 形環。雙連桿。

766. 附有繩索軋頭的鉤子。

767. 彈簧鉤。

768. 彈簧扣環。

769. 打樁錘（monkey）（又稱打樁引擎，pile engine）的卡鉤；在槓桿端的環上裝有繩索，將鉤環拉離懸吊「打樁機」的底部扣環，使其能落下。

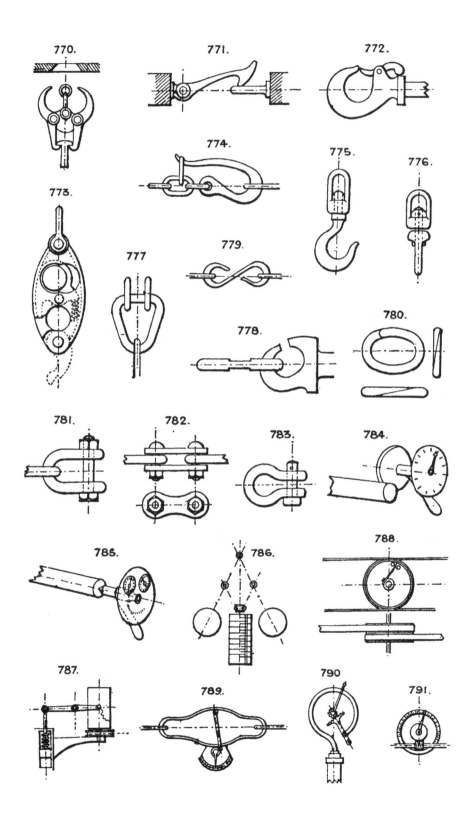

770.

771.

772.

774.

775.

776.

773.

777.

779.

778.

780.

781.

782.

783.

784.

785.

786.

788.

787.

789.

790.

791.

770. 自動卡扣；透過曲臂敲擊固定阻裂孔的側面，以滑動「打樁機」的T形端。

771. 自鎖式牽引鉤扣。

772. 固定鉤扣，附有鎖扣。

773. 卡鉤。

774. 具有止脫環的鉤子；卡鉤。

775. 起重機鉤，附有轉環。

776. 雙轉鏈環，嵌入鏈條以避免扭曲。

777. 三角鏈環，用來將兩個鏈條附接為一條鏈條。

778. 安全環。鏈上有扁環，以滑入鉤的凹槽口。

779. S 形環。

780. 分裂環。

781. 螺栓鏈扣。

782. 一般鍊條用的雙環和螺栓連結器。

783. 別針鏈扣。

　　有繩索，將鉤環拉離懸吊「打樁機」的底部扣環，使其能落下。

第44節 表示速度等

784. 及**785.** 手持（可攜式）指示器，透過輪子和刻度盤的簡單運作，來表示軸轉速度等內容。

786. 調速計，透過球在垂直刻度上移動指針的角度來表示速度。

787. 蒸汽引擎指示器，此裝置有多種形式。馬克諾（Macnaught）、理查德（Richard）、達克（Darke）、卡夫（Kraft）、卡薩特利（Casartelli）等形式皆為範例，這類型指示器是透過小型蒸氣活塞透過作用在彈簧上的不同蒸氣壓力，來操作標示點；紙張通常會透過穿過引擎的細繩，來纏繞在有往復運動的汽缸上。

788. 莫蘭（Morin）的測力計。包含兩個透過彈簧連結的皮帶輪；一個皮帶輪負責接受驅動皮帶的拉力，另一個則負責傳遞該拉力，彈簧會顯示皮帶上的張力。

789. 雷尼爾（Regnier）的測力計會透過在刻度盤上運作的彈簧收縮，來顯示接頭上的張力。

790. 波頓（Bourdon）管壓指示器。管子是扁平端，其弧形部分會隨著壓力而擴張，透過齒條機構來操作刻度盤上的指針。

791. 蝸輪和刻度盤，用來記錄旋轉的圈數。見#1559。

　　壓力測量儀器的其他形式——第一種：水銀計，此裝置是透過玻璃管內的水銀柱高來表示壓力。第二種：水位計，此裝置用水柱取代水銀柱來表示。第三種：彈簧秤（見#1729）。亦見#1730、1728。

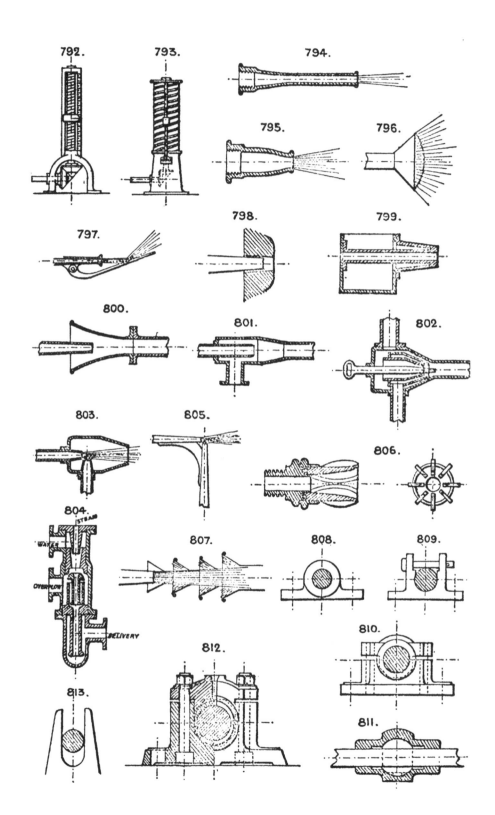

792. 793. 794. 795. 796. 797. 798. 799. 800. 801. 802. 803. 805. 806. 804. STEAM WATER OVERFLOW DELIVERY 807. 808. 809. 810. 811. 812. 813.

792、793. 捲揚引擎，附有指示器，依#744 原則運作。運行螺帽具有指針，指針位於垂直刻度上，用來顯示槽中籠子的位置。

亦會安裝垂直刻度指示器以顯示槽中或水庫中的水位，見#1730。

也設有管狀水位指示器，以顯示鍋爐中的水位，且水位計旋蓋會固定在鍋爐中的不同高度上。

第45節 噴嘴、管嘴和注射器

794. 直噴嘴，用於長距離。

795. 短噴嘴。

796. 蓮蓬頭噴嘴，用於灑水。

797. 扇形噴嘴，或散布噴嘴。

798. 鼓風口。

799. 史密斯（Smith）的鼓風口和水封。

800. 噴射抽氣器，用於誘導混和式氣流和水流或蒸氣。

801. 蒸氣噴射泵；蒸氣透過中央噴口進入，形成真空，再流入經由分支管線上升的水中。

802. 灌氣機，用於蒸氣和氣流；亦用來做為石油噴嘴。

803及805. 噴霧器；液體藉由重力在小型垂

噴頭中上升，然後受到來自水平噴嘴的空氣橫吹，進而成為噴霧或薄霧狀。

804. 注射器。此工具有各式各樣的形式，數量之多，無法一一介紹。請見格拉罕（Graham）、吉福特（Gifford）、霍爾（Hall）、漢科克（Hancock）以及其他常用的形式。

806. 扁平或分散噴嘴。將八個葉片推入噴水嘴中，以透過移滑環來切割。

807. 通風噴嘴（ventilating jet），又稱抽氣機（aspirator），具有多個側面開口，以誘導氣流。

噴射冷凝器。見§25。

第46節 軸頸、軸承、樞軸等　亦見§70。

808. 扁平或固定基座。

809. 半軸承，有時會在無銷栓的情況下使用。

810. 半套筒軸承，僅在較低側上有半軸襯。

811. 多室長軸承。

812. 一般雙軸襯托架或軸台；若軸受限於水平推力，則有時會與呈45°角的軸襯蓋和接頭一起製成。此軸承有多種改造形式。

813. 有槽軸承，用於抬升和落下心軸。

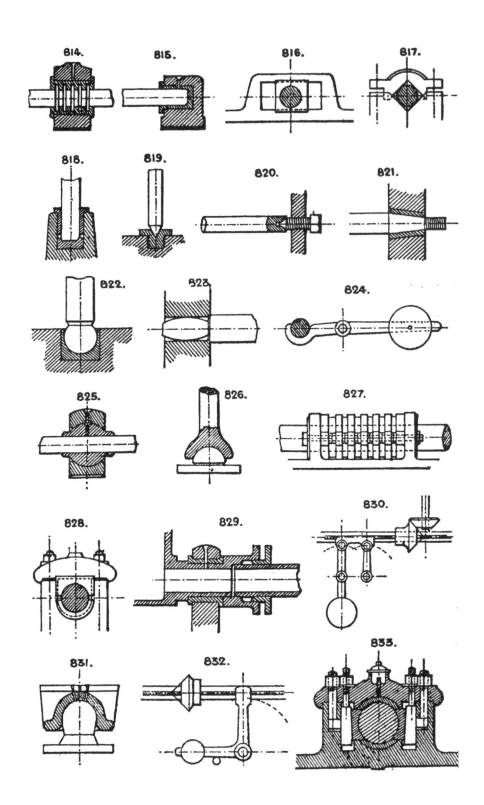

814及815.軸端推力軸承。

816. 滑動軸承，具有垂直或水平的橫穿裝置。

817. 雙V軸承，以適應不同軸的尺寸。

818. 立軸軸承架。

819. 垂直樞軸。

820. 水平樞軸和固定螺絲；螺絲應具有鎖定螺帽，以避免因轉軸運動而向後運作。

821. 錐形頸，通常具有鋼製套管。

822. 球形軸承架，讓軸能偏離垂直方向。

823. 水平軸承，讓軸能超出直線範圍。

824. 平衡軸承，以承載輕型軸的重量，此裝置放置於固定軸承之間。

825. 傳動軸的自動調整軸承，能進行球窩運動。

826. 立軸球窩軸承，允許從直線進行許多變化。

827. 水平推力軸承，舉有多個法蘭和雙軸襯，皆能進行個別調整；此裝置用於蒸氣船上的螺旋軸。

828. 托架的一種形式，具有附蓋的尾端，以避免鬆動。

829. 耳軸軸承，用於擺動汽缸。蒸氣會透過具有填料函和壓蓋襯墊的軸承輸送，以避免漏洩。

830及832.軸的擺動支座，具有滑動斜面齒輪或其他用來通過擺動支座的裝置；用於車床滑動齒輪、頂上傳輸裝置等。

831. 車用轉向架的球窩中心。

833. 有軸襯側面調整器的托架，透過推拔鍵和螺絲調整器來運作。

在水下運作的軸承通常內襯條是鐵梨木，且無需潤滑劑。

所謂的自動潤滑軸承正在使用中，內襯條是專利複合金屬。

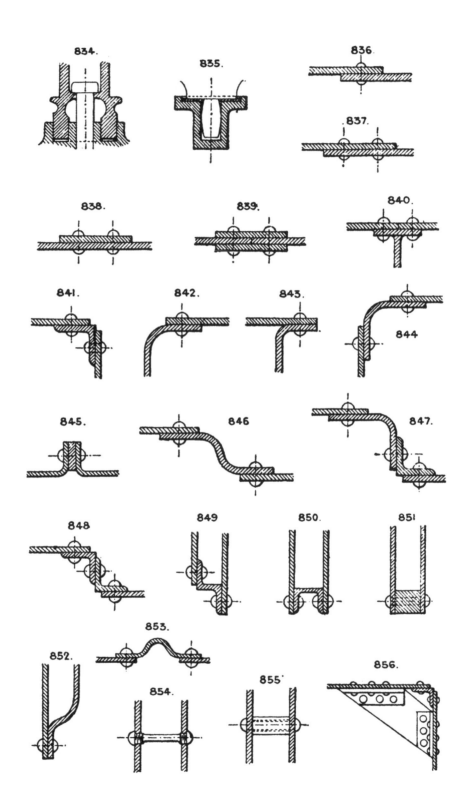

834.

835.

836.

837.

838.

839.

840.

841.

842.

843.

844

845.

846

847.

848

849.

850.

851.

852.

853.

854.

855.

856.

834. 中央軸承，具有環形握柄，用於重型中央部分或車輛轉向架。

835. 中央軸承，可容許一些擺動量。

耦合軸承。見#671。

第47節 板材

836. 單鉚釘搭接。

837. 雙鉚釘搭接。

838. 單鉚釘對接頭。

839. 雙對接頭。

840. T 形鐵製接頭。

841、842、843及844. 夾角或接縫。

845. 橫向管狀接縫。

846、847及848. 逐漸降低的環狀接縫。

849、850、851及852. 底部接縫環狀水區、消防箱等。

853. 鍋爐煙道的膨脹輪環連接處。

854及855. 消防箱牽條。

856. 平直端的角牽條。

扁條、管子和圓鐵牽條亦常用於鍋爐和槽中的牽條平面。

在家用鍋爐方面，通常會焊接所有接縫，因此無需使用L形鐵和其他鉚接裝置。見#89至96。

鍋爐中的煙管亦由插在空際中的橫管來支撐，例如格羅威（Galloway）的專利錐形橫管即為如此。

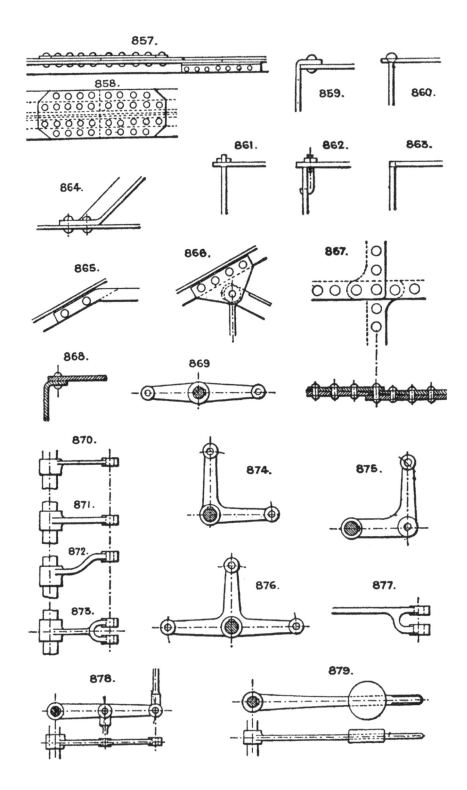

857. 及 **858.** 蓋板，用於承載板上、L形鐵連結處拉伸應變。

859.、**860.**、**862.** 及 **863.** 多種安裝於鍍鐵結構、箱盒和槽中的接頭，無需承受太大壓力。

863. 此為鳩尾接頭。

864. T形或L形鐵製撐桿端接頭。

865. 扁條和斜形T形或L形桿的接點。

866. 斜面連結和支柱的角牽板接頭。

867. 藉由讓板角變成梯形來連結鍋爐板角。

868. 斜接的另一種形式。

第 48 節 槓桿

三種排序方式的槓桿（見§53）。支點或搖動中心可能位於尾端或部分中間點。實務上，支骨通常是軸或銷（見§76及77），以下是使用中的典型形式。

869. 870. 871 及 **872.** 扁平槓桿的正視圖和平面圖，具有供桿子附屬裝置使用的端部突座。

878. 扁平槓桿的平面圖，端部是叉狀。

874. 及 **875.** 鐘型曲柄槓桿，具有平面或叉型端部。

876. T形或雙曲柄槓桿。

877. 偏移叉端。

878. 第二種排序方式的魚腹形槓桿。

879. 平衡錘槓桿。

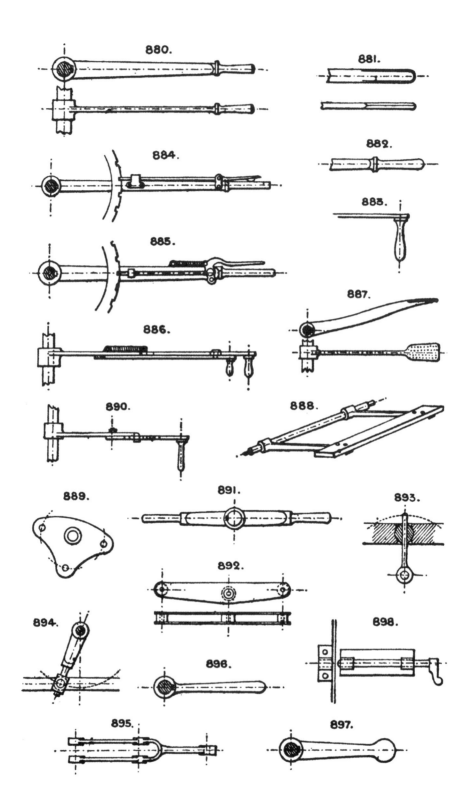

880.

881.

884.

882.

885.

883.

886.

887.

890.

888.

889.

891.

893.

892.

894.

898.

896.

895.

897.

880. 手槓桿，具有環狀手柄。

881. 手槓桿，具有扁平手柄。

882. 另一種有時會使用的環狀手柄形式。

883. 曲柄手柄。

884. 起動桿，具有彈簧扣。

885. 上述裝置的另一種模式。

886. 相似的槓桿，具有側面或曲柄手柄。

887. 踏腳桿。

888. 腳踏板框架。

889. 肘板（wrist plate）又稱T形槓桿（T lever）。

890. 手槓桿，可以藉由溝槽和鎖定螺栓等方法來調整長度。若要達成此目標，通常會讓一根扁平圓桿通過中央承窩，並由固定螺絲固定為任何輻射狀的長度；或手槓桿可以旋轉如#1784所示。

891. 雙手槓桿。

892. 槓桿，由兩個鍛鐵或鋼製板和隔塊組成。

893及894. 搖動槓桿，具有滑動旋轉接頭。

895. 叉形槓桿，用來跨越中央軸承。

896. 手槓桿，此為簡單模式；用於扳頭或扳手。

897. 有頭槓桿，用於閥門桿和其他裝置。見#149至152。

亦見§97。

第49節 鎖定裝置

898. 常見的滑動螺栓。

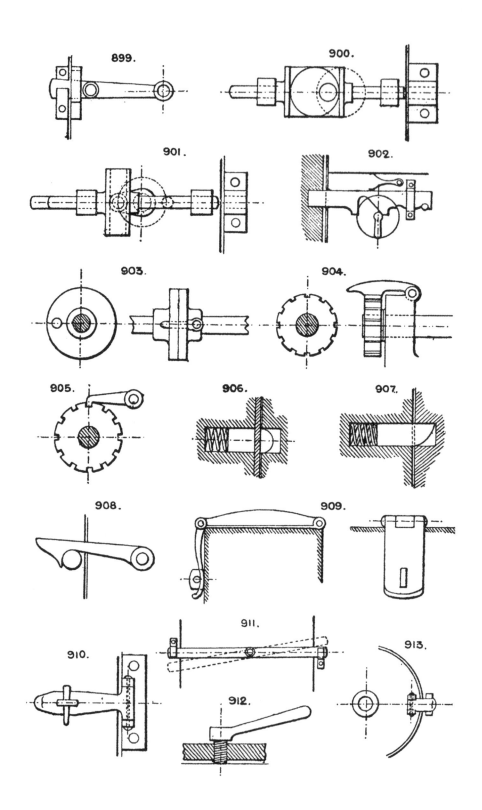

899. 常見的閂鎖。

900. 凸輪鎖定螺栓；無論栓入或栓出皆會鎖定螺栓，以使其僅能透過凸輪轉軸來移動。

901. 曲柄裝置鎖定螺栓，與上一個裝置相似。

902. 常見的鎖定螺栓。

903. 圓碟和鎖銷。

904. 側棘爪。

905. 鎖定棘爪。

若要了解棘爪和棘輪齒輪，見§62。

906. 彈簧扣，若施以足夠力量，其圓頭將能滑動經過承窩，適用於擺動門。

907. 另一種形式，朝一側傾斜。

908. 鉤閂。

909及**910.**搭扣和U形環。

911. 十字桿件和掛鉤。

912. 手動固定螺絲。

913. 轉台的下降扣。

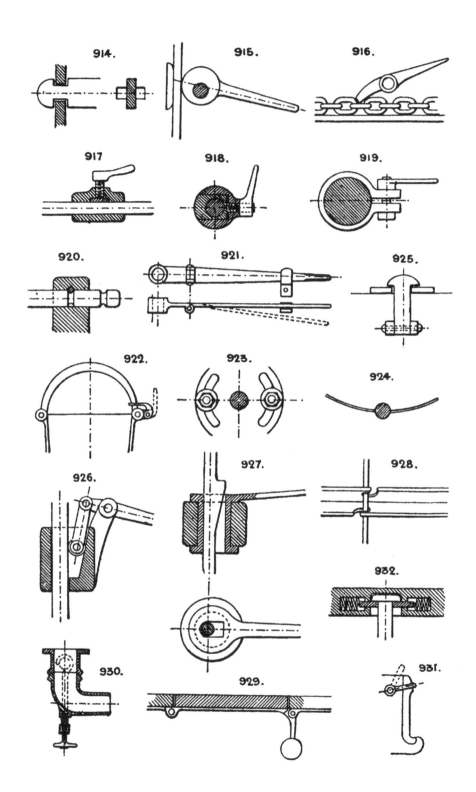

914. 915. 916.

917 918. 919.

920. 921. 925.

922. 923. 924.

926. 927. 928.

932.

930. 929. 931.

914. 轉動螺栓（turning bolt），又稱旋轉螺栓（twisting bolt）。

915. 繩索或桿子停止器，具有凸輪槓桿握柄。見#47。

916. 鏈條停止器。

917. 及**918.**心軸握柄，用來鎖定在軸承或套筒中滑動或旋轉的心軸。

919. 夾緊螺釘。

920. 活動軸鎖銷；用於車床主軸承後齒輪軸等。

921. 槓桿鎖鉤；槓桿以鉸鏈連接，因此可以滑過鉤子。

922. 澆斗、卸斗等的弓形栓。

923. 固定以旋轉基座的分段儲存槽和螺栓。

924. 轉台或圓盤的銷鎖。

925. T形栓。

926. 用來鎖定桿子或繩索的滾輪和斜面槽。

927. 閉止桿的旋轉套筒鎖；僅在套筒位於單一位置時，閉止桿才能滑過套筒（如圖所示）。

928. L或凵形的鐵製鐵網圍籬凹槽。

929. 暗門自動栓。

930. 螺絲和吊鎖懸吊裝置，用於鼓風管。

931. 門上的下拉環緊固件。

932. 彈簧扣鎖。

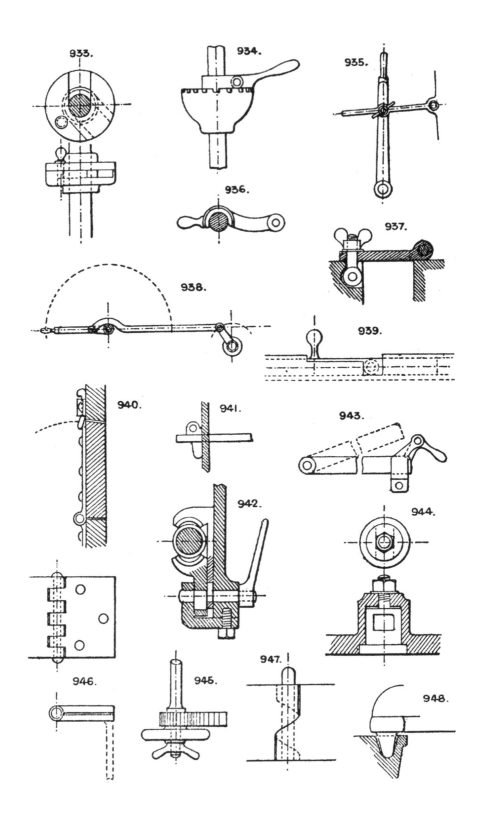

933.

934.

935.

936.

937.

938.

939.

940.

941.

942.

943.

944.

945.

946.

947.

948.

933. 碟狀或輻射狀溝槽；桿子可以在碟盤旋轉時滑向一側，以讓溝槽合在一起。

934. 輻射狀且以鉸鏈連接的槓桿和凸起棘輪。

935. 鎖定條桿，用來將槓桿固定在任一位置。

936. 鎖定滑動軸的棘爪，用於絞盤等裝置，具有雙索絞機和單索絞機，或轉移離合器。

937. 有鉸鏈蓋的緊固件環首螺栓；螺栓亦有鉸鏈，且能倒置避開。亦見#1930。

938. 曲柄臂裝置，以將閥門或槓桿鎖定在兩個位置。亦見#16。

939. 後膛填彈式槍枝，透過將槍管轉入槽口來鎖定滑動圓柱塊。

940. 門上緊固件U形和環銷栓。

941. 常見的銷栓。

942. 半螺帽鎖定和解鎖裝置，用於車床導螺桿；半螺帽會被槓桿心軸上的凸輪同時移動至反方向。

943. 擺動栓，用來保護接地棒端的安全。

944. 夾刀柱，用來旋轉和鎖定至任何位置。亦見#493。

945. 鎖緊螺釘，用來在需要透過軸驅動時，將手輪和正小齒輪鎖於軸上。

亦見鎖定螺帽。常用的各種槓桿鎖透過階層式按鍵鎖定。

見#1723。

第50節 鉸鏈和接合件

946. 常用的雙扇鉸鏈。

947. 上升式鉸鏈，用來使門在開啟時稍微提高，接著無需彈簧即可自動關閉。

948. 杯狀和球形鉸鏈。

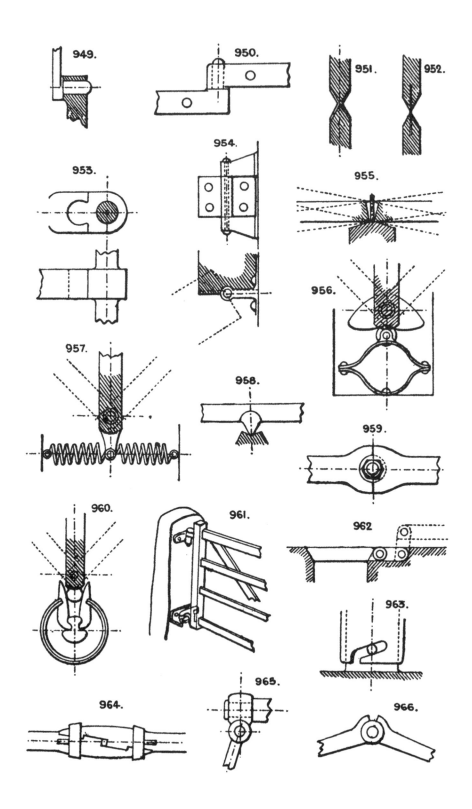

949.

950.

951.

952.

953.

954.

955.

956.

957.

958.

959.

960.

961.

962.

963.

964.

965.

966.

949及**950.**樞軸鉸鏈。

951及**952.**羊皮紙或皮革鉸鏈，適用於木造裝置。

953. 鳩尾榫接頭，用於鐵製床架等；圓形鳩尾榫稍微變得接近錐形，並緊緊接合。

954. 門用鉸鏈，在開門時，需要平放在兩旁的牆上。

955. 鉸鏈銷，用於具有刀狀邊緣的搖動桿。

956. 門的彈簧鉸鏈，用來讓門永遠能回復至中央位置；凸輪壓在連接至彈簧的滾輪上。

957. 另一種方式，具有拉伸彈簧。

958. 搖動軸承（rocking bearing）又稱刀狀邊緣（knife edge），用於秤重的機器等。

959. 開合接頭，共同平分式；使用螺栓來將兩部分固定在一起。

960. 門的彈簧鉸鏈，具有開放型彈簧和切換裝置。

961. 欄板鉸鏈，底部有雙樞軸，讓欄板無需彈簧即可回到中央位置。

962. 連結鉸鏈，用於隔柵或暗門，讓裝置能在開啟時平貼在地上。

963. 插旋接頭。此為常見的裝置。

964. 雙嵌接和搖動接頭，適用於泵、桿等，具有套圈和扣鍵以固定。

965. 萬向接頭。見#33和34，虎克博士的接頭。

966. 開合鉤接頭槓桿。

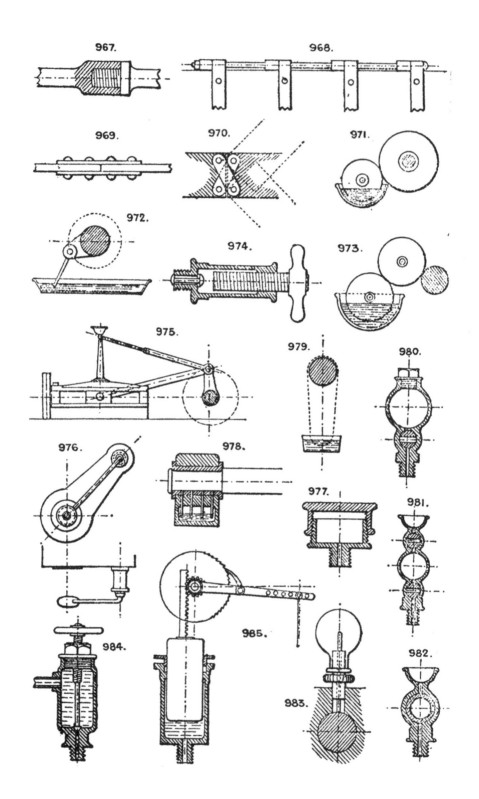

967.

968.

969.

970.

971.

972.

974.

973.

975.

979.

980.

976.

978.

977.

981.

984.

985.

983.

982.

120

967. 常見的公和母接頭，或螺紋接管和插座桿接頭。

968. 多重鉸鏈，有一個中央螺栓，適用於長型或重型的門。

969. 嵌接桿或嵌接條接頭。

970. 鉸鏈的另一種形式，用來使與#954相同的目標能更有效果。

亦見轉動接頭，#893和l894。§ 49、4以及 48。

第51節 潤滑器

我不會嘗試以圖示說明各式各樣的「潤滑器」類型。這類圖示說明能輕鬆提供大量內容，但卻愧對讀者對本書的仔細研讀。與本書其他各處相同，我將在此說明一些最有趣且對機械製圖員而言最重要的潤滑器類型。除了簡單的油杯或放大油孔、油箱和滑脂杯外，以下是最常使用的形式：

971. 齒輪裝置、渦輪、輪子等裝置的油盤。

972. 旋轉鋼絲潤滑器；每次旋轉都在軸上運載一滴油。

973. 滾筒和盤狀潤滑器。亦可以用於樹膠、漿糊糊劑、油漆塗料等。

974. 螺旋柱塞潤滑器，使用止回閥讓潤滑劑推入汽缸或水管，不受壓力影響。

975. 伸縮管潤滑裝置，用於往復或旋轉接頭，例如曲柄銷。

976. 另一個曲柄銷的管狀裝置；管子尾端的空心杯位於軸中心的相反方向，可在旋轉時接受油的輸入，讓油可在下半圈時順著管路向下流。

977. 史托佛（Stauffer）的稠油潤滑器，透過將蓋子向下轉緊來推入稠油。

978. 軸承潤滑器，經甘蔗片毛細作用來運作，其下端浸入油池中。

979. 循環鑽索潤滑器。

980. 單旋塞潤滑器，有裝填用的螺旋蓋。

981. 雙旋塞潤滑器。

982. 空心栓旋塞。

以上三種類型皆用來對抗蒸氣壓力供油。

983. 魯汶（Lieuvain）的針孔潤滑器。具有一條鬆纏線（其中一端碰觸到旋轉軸，其他端則浸於油中）；讓油能隨著軸轉動時流動。

984. 蒸氣壓力會進入油上的杯中，透過底端的可調式小閥門供油。

985. 柱塞或衝柱和汽缸潤滑器，透過部分引擎往復零件進行棘輪進給。

用來均勻覆蓋平坦表面的潤滑或上墨滾筒，放置角度與表面運動方向約呈10°，以進行潤滑或上墨。

大型引擎配有油槽，其管路通向所有接頭和軸承等，並具有調節用的小旋塞。

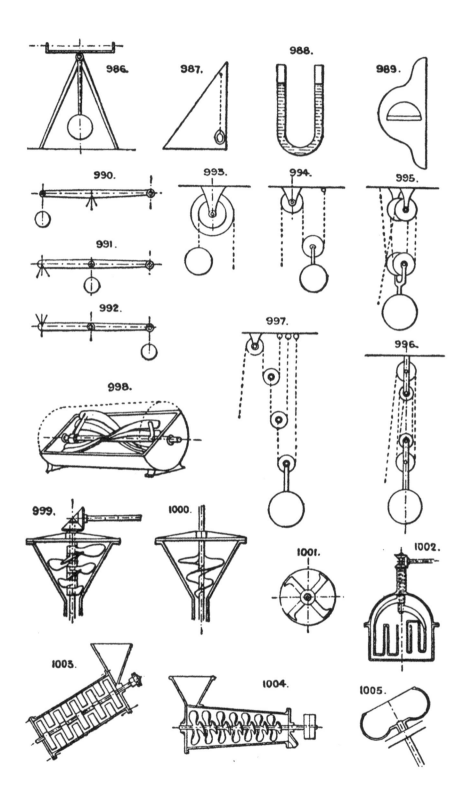

986.

987.

988.

989.

990.

991.

992.

993.

994.

995.

996.

997.

998.

999.

1000.

1001.

1002.

1003.

1004.

1005.

第52節 測量和測錘

通常會使用常見的水平儀（spirit level）和垂絲水準器（plumbline），以及測量員的望遠鏡和水平儀或「定鏡」（dumpy）。

986. 重力水準器。

987. 垂絲水準器和角尺。

988. 水管水準器；可能會將水管引至水面下朝任何方向的長距離和圓角等。

989. 水平儀測錘角尺。

第53節 機械動能，適用不同動能和速度的裝置

990. 第一種排序方式的槓桿 ┐

991. 第二種排序方式的槓桿 ├ 見§48裝置。

992. 第三種排序方式的槓桿 ┘

993. 輪和軸；動能增加而速度下降，與兩槽輪的直徑成比例。

994. 返回座；動能2乘以1。

995. 兩個雙槽輪座；動能4乘以1。

996. 四個單座；動能與#995相同。

997. 三個返回座；動能8乘以1。

見§42應用裝置。

・斜面為重力的簡單改造形式，為垂直作用。

楔子。見§37。

螺絲是簡單的環形斜面。見§78。

亦見§40和84，齒輪裝置。

第54節 混合和吸收

998. 捏合磨輾機，具有螺旋螺線。

999. 捏泥機，具有會在圓錐外殼內旋轉的輻射狀螺旋槳。

1000. 捏泥機，具有螺旋槳。

1001. 圓盤拌和機。圓柱形外殼或圓盤，具有一組會透過中心軸帶動旋轉的攪拌臂。

1002. 打蛋器或混合機。兩組朝相反方向轉動的開放式輻射狀框架，框架被塑形為可穿過彼此的形狀，並由帶動軸和套筒的斜方齒輪來驅動。

1003. 斜置混合滾筒，具有旋轉和固定導葉。

1004. 錐形混合滾筒，結構形式相似。

1005. 斜置混合盤，用於糖果甜點等。

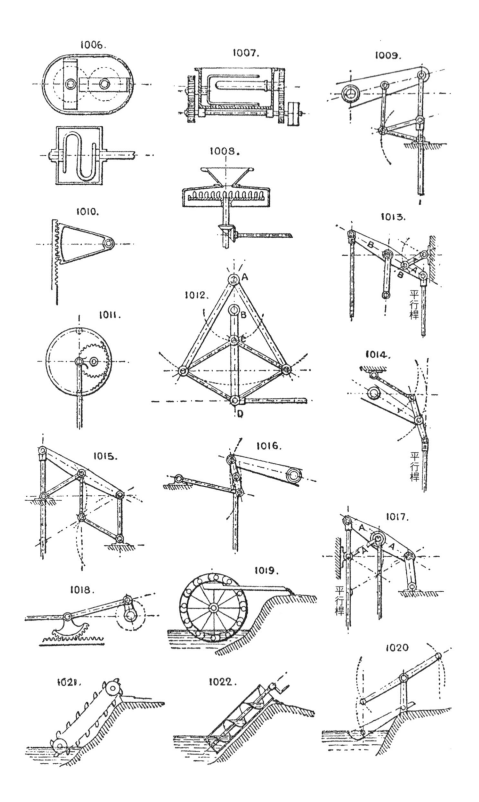

1006.

1007.

1009.

1008.

1010.

1013.

1012.

1011.

平行桿

1014.

平行桿

1015.

1016.

1017.

平行桿

1018.

1019.

1020

1021.

1022.

1006. 混合機，具有兩對朝反方向運作的混合手臂。見截面圖。

1007. 上一種類型的改造形式；手臂中心會在彼此之上，以讓手臂能在旋轉時通過彼此。

1008. 臥式桌上型混合機。透過離心力讓內容物從桌子的中心到邊緣持續攪拌運作。

亦見#60。安德生（Anderson）的專利使用此形式，透過讓旋轉鼓輪裝滿水的方式，持續分配精煉原料。

見§13。壓碎、磨輾等。

第 55 節 平行運動

目的：維持桿狀物或連結至槓桿的相等零件之直線運動，無需使用導桿。

1009. 瓦特（Watt）天秤式引擎的平行運動。

1010. 齒條和鏈段運動。

1011. 外擺線平行運動。小齒輪是節線上輪子直徑的一半，且軸頭固定在小齒輪的節線上。

1012. 珀塞利耶（Peaucellier）平行運動。A是固定中心點；B（用來進行水平運動）必須位在A與C的中間；動力施加給C；D則是平行中心軸。

1013. 天平，具有擺動支點。圖中標註A的兩處長度相等，B和B亦同。

1014. 單半徑桿和連桿；半徑桿的長度與天平的一半一樣，也與用鉸鏈與中心連接的連桿一樣長。

1015. 所有半徑桿的長度都和天平的一半相等。

1016. 兩個相同的半徑桿由一個連桿連結，主軸頭位於中心。

1017. 具有擺動支點的第二順位天平，標註A處皆相等。

1018. 扇形齒輪和齒條裝置。亦見#714。

第 56 節 泵浦和抽水

目前使用的方法中仍有部分是最原始的方式，且仍可能在特定情況下使用。

1019. 汲水輪。

1020. 浸漬槽。

1021. 循環斗鏈。

1022. 阿基米德式（Archimedean）螺旋；此為螺旋形管子，其用途與在圓柱形外殼內旋轉的渦輪一樣。

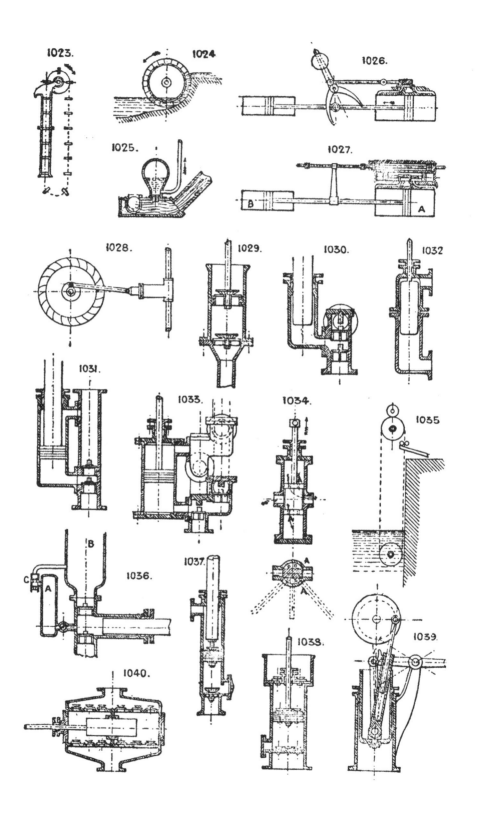

1023. 1024 1026. 1025. 1027. 1028. 1029. 1030. 1032 1031. 1033. 1034. 1035 1036. 1037. 1038. 1039. 1040.

1023. 鏈泵，常用於蒸餾器。下管長度應穿孔以符合鏈上斗的尺寸；水管其他部分的直徑則可能稍大且無穿孔。

1024. 升降輪，用於抽水。

以下四個範例是抽水機器，透過讓較低水壓的水落下，將水抽至任何高度：

1025. 衝擊抽水機。水流順著斜管往下，然後在球閥處流出；若達特定速度，水流便會突然關閉球閥，衝擊力便會開啟出水閥，讓水流入空氣容器，直到水流動能受阻才停止；而出水閥關閉時，球會落下，接著會重複上述動作。

1026. 水龍頭（robinet）。直接作用水壓自動泵；與衝擊抽水機作用相同，即透過使用往下落且大量的水，將較少量的水抽至更高的高度，低壓水會在大型雙動壓力活塞上作用。透過引擎動作倒轉閥門。

1027. 液壓泵引擎。水龍頭的改造形式，A是驅動汽缸，B是泵浦。透過兩個活塞驅動主側閥，並透過從主十字頭連結至停桿的輔助四向活栓或小側閥，分配壓力水。亦見#1741。見§93。

1028. 水車和泵浦。

1029. 單動水斗（single-acting bucket），又稱吸取泵（suction pump）。

1030. 單動衝壓力泵。有時會使用開頂汽缸和活塞來取代柱塞，如同#1029。

1031. 雙動柱塞和活塞泵。對雙衝程施力，但僅在上衝程抽吸。

1032. 雙動柱塞（double-acting plunger），又稱柱塞泵（ram pump），從外部填充，此為最好的配置。

1033. 雙動活塞泵，具有四個閥門。此自然是各式各樣泵中的一種。

1034. 雙動活塞泵，無閥門。活塞具有振動或徑向運動（見設計圖）以及上下運動，因此兩個接口會透過窄小通道AA輪流開啟至活塞的上側和下側。可以從#406的曲柄裝置獲得必要的運動。

1035. 繩索泵。簡單的循環軟繩或多孔繩（浸入水中）的下端會吸收水分，而水會從頂部的滾輪之間擠出。

1036. 供氧給空氣容器的裝置。各衝程上的主泵會從小空氣容器A中抽出少量的水，然後在回程衝程上從較小的容器施加等量的空氣至較大的容器B。C是雙氣閥。

1037. 複合式水斗和柱塞泵僅會在上衝程抽取，但會在兩衝程上運送。

1038. 空氣泵，具有底閥和輸出閥。

1039. 手搖泵或動力泵。可以透過鎖緊固定螺絲以從曲軸投入作用，或可藉由手搖泵獨立運作。

1040.「沃辛頓」式柱塞泵，此款為雙動。

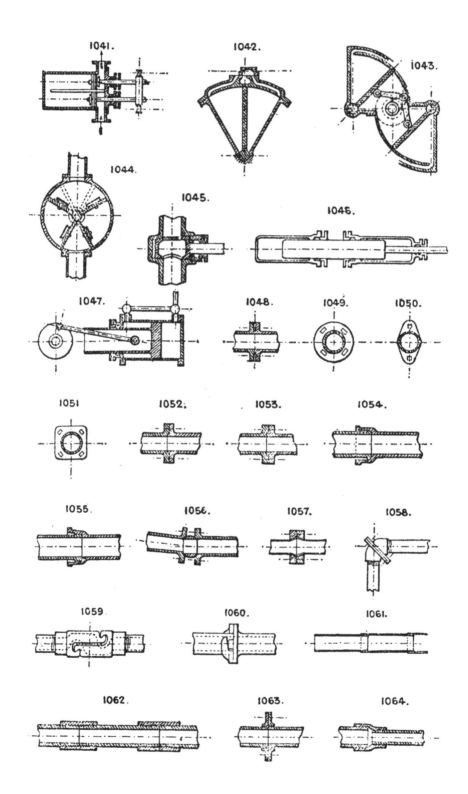

1041. 雙筒泵，具有筒形活塞。水會通過兩個活塞，其上裝有朝反方向開啟的閥門。

1042. 擺動扇形（oscillating sector），又稱扇形泵（quadrant pump），具有一個葉片或活塞。

1043. 雙扇形泵。兩片葉片是透過來自單曲柄的鏈環進行運作。

1044. 擺動泵，具有兩片固定在中心搖軸上的輻射狀葉片。

1045. 空心塞；是進油器或進水器。

1046. 雙柱塞泵。

礦井和水井中的抽升總管道，在某些情況下做為主泵桿來使用。

在從向下供水管泵送至水箱或蓄水槽時，可以安排讓泵在最近的便利點送水至此管中，而無需使用第二條從泵連至水箱的水管。

1047. 施密德（Schmid）的幹管汽缸液壓泵引擎，使用低壓供給以從活塞環狀側施力，提供高壓服務。

亦見§75轉子引擎和泵浦。

§61泵浦引擎。

第57節 管道和輸送機

簡單的管材可能是鐵、黃銅、鋅、鉛、馬口鐵、鐵皮、混凝紙漿、印度橡膠、馬來橡膠、皮革、棉花或帆布。
以上提到的後五種材料彈性形式可透過內、外或嵌入螺旋線來強化；相同地，若是橡膠，可以透過插入帆布來加強；或以紗線或金屬絲填縫，以纏繞或編結方式圍繞外部。

● 鑄鐵管

1048至1053. 顯示使用的法蘭相關形式剖面圖和立面圖。1053具有小V形空隙，用以插入馬來橡膠繩或軟鉛環。用於高壓裝置。

1054. 基座管和接頭管。普通陶器基座排水管、煙管等皆為範例。

1055. 基座管和接頭管，具有錐形、穿孔和旋轉接頭。

1056. 杯形和球形接頭，用於不平坦的地面等。

1057. 鍛鐵管，具有鑄鐵法蘭。

1058. 斜面萬向接頭。見#1078。

1059. 轉動接頭。聯軸器會快速開啟或關閉，表面是橡膠或皮革。

1060. 插旋接頭，用於消防栓等。見#963。

● 鍛鐵管

1061. 鐵皮煙管。

1062. 鍛鐵管和螺旋聯軸器。

1063. 鍛鐵法蘭聯軸器。

1064. 還原接頭（reducing socket），又稱還原聯軸器（reducing coupling）。

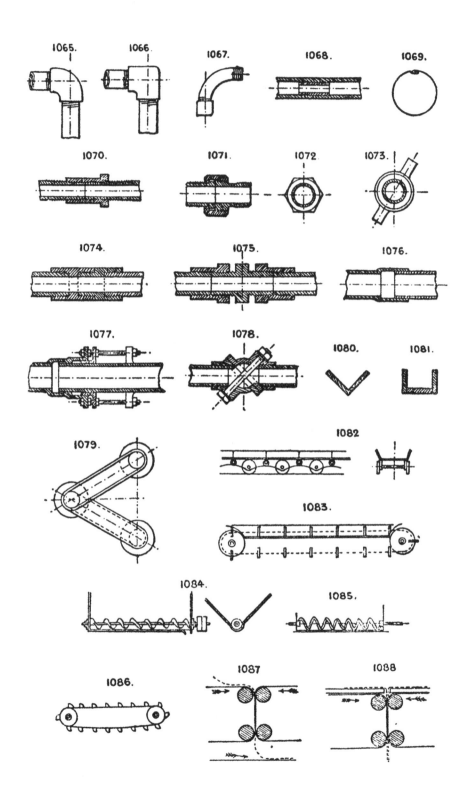

1065. 及**1066.** 肘管。

1067. 彎管。

1068. 內部連結器，用於扶手等。

1069. 專利搭接折疊管。

1070. 長螺絲、聯軸器和後螺帽，若最後一段管子無法以螺絲鎖入兩個接頭，則此將用來製作連續管路中的最末接頭。

1071. 至**1073.** 螺旋管套。螺帽可能為#1072或1073的形式。亦見§78。

1074. 及**1075.** 管套，具有左、右側螺紋。

1076. 擴充平接頭。

1077. 擴充接頭，具有壓蓋和安全螺栓，以避免接頭噴出。

　有時會使用彎曲的銅製U形管，做為輸熱管中的擴充件。

1078. 羅伊爾（Royle）專利斜面萬向接頭，透過轉動平面接頭，可將管路彼此間設為0°至90°間的任何角度。

1079. 擴充管路，每個接頭皆有填料函，用於將水、蒸氣或空氣輸送至可移動式引擎或機器。

●輸送機

1080. 及**1081.** 木槽有時會配有金屬管路。

　若要輸送非液體的其他原料（例如沙、煤、穀物等），會使用以下設計：

　帆布、橡膠、皮革等材料製成的無接縫帶，有時也會有#1082所示的法蘭。

　傾斜木管或卸洩槽。

1082. 分段拼接式輸送機，循環式且載運如#1083形式的滑輪。

1083. 礦車爬升機，沿著固定木凹槽滑動的

木板或戽斗循環鏈。見伊渥特（Ewart）的專利可拆式傳動鏈，裝有特殊鏈以附加木板或戽斗。

1084. 蝸桿和凹槽，與阿基米德式螺旋泵的原理相似。見#1022。

　垂直或斜面運輸的電梯，通常包含一些彈性材料製成的無接縫帶或鏈條，以及數個以規律間隔裝設的錫或金屬斗（如同#1086），像#1083爬升機一樣，但是在封閉的管道裡運作。

　氣送管，見§19。閥門用，如#1638。

1085. 此為無中心軸蝸桿的改善形式。「專利抗磨傳送裝置」（Patent Anti-Friction Conveyor）。

1086. 電梯，或傳輸帶和傳輸斗，可以在任何位置運作。

1087. 及**1088.** 無縫網和滾輪裝置，用來傳輸紙張，供列印或折疊使用。

　亦見§69抬升和下降。

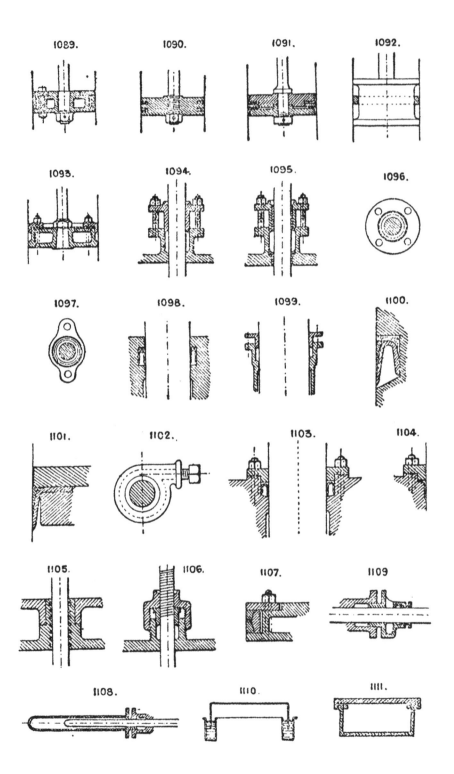

1089. 1090. 1091. 1092.

1093. 1094. 1095. 1096.

1097. 1098. 1099. 1100.

1101. 1102. 1103. 1104.

1105. 1106. 1107. 1109

1108. 1110. 1111.

第58節 密封圈、接頭、填料函等

● 活塞

1089. 活塞,具有壓環;密封圈有時是鑄鐵、鋼、黃銅或磷青銅製的環,或甚至是麻或石綿。

1090. 小活塞通常有兩個鋼或黃銅製的環伸入凹槽中。

1091. 雙動液壓活塞,用於冷水;若是單動,僅需一面皮革;若用於熱水,通常會使用環。

1092. 印度橡膠環輥密封圈,用於甘迺迪(Kennedy)的專利活塞水表。

1093. 活塞,具有用於纖維密封圈的壓環。

許多專利亦用於應用於活塞環的多種彈簧。見§80。

● 填料函等

1094.、1095.、1096.及1097. 填函蓋填料函的剖面圖和平面圖。

1098. 皮革密封圈環(leather packing ring)或圈(leather packing collar),用於更高壓,每平方吋最高可達3或4噸。

1099. 衝擊抽水機填料函,每平方吋壓力最高可達約1000磅,具有特殊堅硬密封圈。

1100.及1101. 若液壓皮革大量磨損,應考慮增加保護環,如此處所示。

1102. 斯坦納(Stannah)的專利填料函;密封圈由固定螺絲鎖緊。

1103.及1104. 柱塞革,具有壓蓋密封圈有助於復原。

1105. 有槽蒸氣密封圈。蒸氣將無法輕易通過活塞槹四周的一系列凹槽。

1106. 螺旋心軸壓蓋的實用形式,螺紋會在外蓋上分割。

1107. V 形環活塞墊圈。內部彈簧圈會將墊圈向外擠壓出汽缸。

1108. 「瓶狀」壓蓋,用來覆蓋往復桿的尾端。

1109. 壓蓋,有油槽,以持續潤滑桿子。

1110. 液封或密封圈,適用於儲氣器等。

1111. 有槽接頭,用於密封圈圓蓋等。

1112. 印度橡膠片接頭，用於冷凝器管，橡膠會被有凸環的板子壓在管接頭四周。見第138頁的板子。

1113. V 形環金屬壓蓋密封圈。見第138頁的板子。

　　平面的接頭通常會以蒸氣用和水用紅鉛製作；或適用於蒸氣、水、空氣等的石棉、書皮紙板，以及有時是橡膠密封圈、膠帶、紙或金屬絲網。

第 59 節　推進力　（亦見§60和12）。

在陸地上，車輛等載具可能會由以下動力推進：

a. 任何本身即包含動力來源的引擎；例如蒸汽引擎、壓縮空氣引擎、電動馬達等。

b. 任何固定動力來源，移動式車輛會透過以下零件與其連結：1.繩索或鏈條；2.管子；3.電線或其他電子連接零件。

c. 通過重力在傾斜或垂直的道路上行駛。見§69。

d. 透過風力，使用風帆或風車風力。見§95。

e. 獸力。

在水上，船隻透過以下動力推進：

a. 風力。

b. 蒸氣或其他熱引擎。

c. 海浪運動。

d. 自然水流、潮汐。

e. 獸力。

在空氣中，氣球透過以下動力推進：

a. 風力。

b. 部分類型的引擎動力。

c. 手動力。

　　但後兩個動力來源現在看來不切實際。

● 推進力使用的方式

在陸地上：

a. 蒸氣或移動式車輛上的其他引擎和鍋爐。

b. 壓縮空氣或汽油的儲存器，用來驅動車輛上的引擎。

c. 電池或蓄電池，用來驅動車輛上的引擎。

d. 纜索鐵路：可透過任何引擎來驅動纜索。

e. 循環纜繩傳動。見§66。

f. 斜坡或垂直起重機。見§69。

g. 冰船或遊艇，透過風及船帆、風車等裝置來推進。見§95。

h. 所有類型的腳蹬車，透過手動力抬起和舉起。見§69。

在水上，船隻透過以下動力推進：

a. 船帆。

b. 輪船，透過螺旋槳、翼輪、艉外明輪、射水機和蒸氣噴射器來驅動。

c. 波動引擎。

d. 駁船和橡皮艇，通常僅利用潮汐運動。

e. 划艇等，手動船槳和螺旋槳船、馬拖船。

在空氣中，氣球透過以下動力推進：

a. 風力，在充氣氣球上，或在傘型或其他帆上作用；亦會在大型區域的斜面側下作用。

b. 拉長形式的氣球是透過裝在車中的引擎拉長，驅動大螺旋槳或機翼。

c. 進行多種嘗試，以藉由人的雙手和雙腳動力來操作飛行器（通常具有某些形式的機翼），但幾乎無法成功。

第 60 節 動力

假定所有物理動能或多或少皆直接來自太陽，因陽光兼有：1.熱能；2.光能；3.光化或化學電能。

可以透過以下方式獲得熱能：

a. 直接使用太陽光線。

b. 任何可燃原料。

c. 化學反應。

光線不會另外發出動力。

化學反應用來形成熱能、燃燒、收縮或膨脹，是發出動力的方式。

從上述基本物理資源中，以下是我們用於機械用途的實際動力來源。

電力。

磁力。

潮汐運動。

下落水流。

下降重物。

海浪運動。

風力。

空氣或其他氣體的膨脹。

蒸氣。

爆裂物。

燃料、碳氫化合物等。

這些動力來源會透過以下設備或馬達產生動力：

● **電力**：透過發電機、電池或蓄電池驅動的電動馬達。

● **磁力**：由於磁力僅能提供其接收到的動能，因此無法持續使用磁力做為馬達。

● **潮汐運動**：可以利用潮汐運動來驅動任何形式的輪子，見§90水車。潮汐也可以儲存在蓄水槽中，在洪水和退潮時流入和流出，並驅動水力引擎；或漂浮船可以透過此動力抬起和落下，將運動傳遞給機器。

● **下落水流**：若要了解使用此動力的機器，見§90水車；§93水輪機、水壓引擎等。

● **下降重物**：首先，必須提起重物，在提起時，吸收與下落時發出動力一樣多的動能，忽略摩擦力。發條裝置、水、或彈簧壓縮（見§80）；倍增滑輪（見§42）是用來使用此形式能量的設備。

● **海浪運動**：海浪運動太過不穩定且不規則，因此無法成為實際可用的動力來源。而震動空氣壓縮箱、震動泵等，則已取得一些小型成功的方法。

風力：風力、風車。見§95。

● **空氣或其他氣體的膨脹**：因火而產生的上升熱氣流會被用來驅動輕型螺旋馬達、風扇等。熱風引擎，見萊德（Ryder）的專利和多種其他專利，這些形式皆依靠因加熱和冷卻而交替出現的氣體膨脹和壓縮來驅動。在蓄電池或儲氣槽中壓縮的空氣會用來給予運動，以加倍增加滑輪或空氣引擎的運作。

● **將水以外的液體（透過加熱）擴大為氣體形式**：引擎中的燃料在壓力下燃燒，燃燒後的總產物（無論是否有蒸汽）則用來驅動馬達。

- **蒸氣**：蒸氣實際上是最後提到其中一種動力；而此動力是透過在活塞或柱塞施以直接壓力來使用（見§32）；或用來產生直接旋轉運動（見§75）；亦用於#801噴射泵中，或用於注射器（見§45）；或透過對密閉容器中儲存的水體施加直接壓力，如脈動揚水器；蒸氣儲存器等。

- **爆裂物**：爆裂物是透過施加火焰、熱能、碰撞等而產生的物質，突然呈現氣態形式，因此增加體積數百倍，這一切通常僅需要一秒即可完成。第二類包括爆炸性氣體混合物，例如氫氣和氧氣、碳化氫和空氣。部分形式試圖以多種方式利用爆炸物質來驅動引擎，但卻無法達到永久成功。第二類爆炸性氣體混合物大量用於燃氣引擎、汽油引擎以及這類裝置的變化形式。

- **燃料、碳氫化合物等**：它們用來使水分蒸發為蒸氣，以膨脹空氣或其他氣體，或將液體轉換為氣體，以及透過汽化來供應燃氣給部分形式的燃氣引擎。

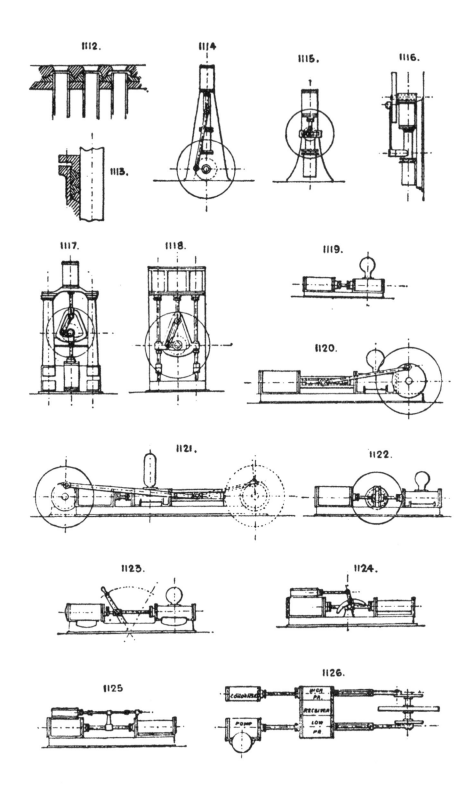

第61節 泵浦引擎類型

●立式引擎

1114. 直立直接傳動形式，附有柱塞泵、柱塞和活塞泵，或僅有活塞。見§56。

1115. 溝槽和曲柄運動，最後提到的各種形式。當然，可以使用任何其他類型的曲柄傳動。見§10。

框架標準通常會用來做為空氣容器或閥門箱。

1116. 直接傳動柱塞泵，具有鬆開十字頭銷的飛輪。

1117. 直接傳動，具有軛十字頭（yoke crosshead）；多用於北部各郡。空氣容器和閥門箱的標準形式，可做成活塞型和柱塞型。

1118. 三汽缸，具有軛十字頭。中心汽缸或兩側汽缸，任一種皆可做為蒸氣馬達汽缸或泵浦使用。

●臥式引擎

1119. 普通直接傳動引擎，具有蒸氣移動式閥門或推桿閥門，見唐吉（Tangye）的「特殊」（Special）、「柯爾布魯德爾」（Coalbrookdale）和其他類型專利，側閥門是透過由輔助推桿閥門控制的活塞，操作原則與#1500相同。

1120. 直接傳動，汽缸之間具有十字頭和導條。

1121. #1120的兩種改造形式。

1123. 直接傳動，具有震動槓桿式閥門裝置；見「沃辛頓」和其他「雙工」

（Duplex）泵浦，會結合其兩個引擎，讓一個引擎來驅動另一個引擎的閥門。

1122、1124及1125. 直接傳動引擎的其他形式。

1126. 水平複合式直接傳動。高壓汽缸、低壓汽缸，且接收器為並排擺放，空氣泵和主泵浦會與蒸氣汽缸呈一條線。

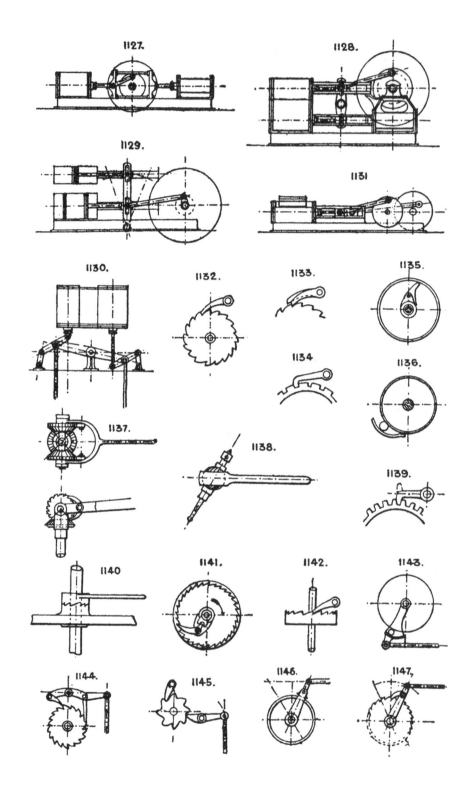

1127.

1128.

1129.

1131

1130.

1132.

1133.

1135.

1134

1136.

1137.

1138.

1139.

1140

1141.

1142.

1143.

1144.

1145.

1146.

1147,

1127. 水平式泵浦引擎，中央有軛式十字頭和曲柄。

1128及1129.水平複合式槓桿引擎。

1130.達維（Davey）的專利直立複樑式礦用泵。

科尼氏樑式泵浦引擎太過知名，因此無需圖解說明。

在礦用泵中，泵桿偶爾會以鐵管製成，並做為總升管使用。

1131. 齒輪傳動泵浦引擎，具有並排放置的蒸氣汽缸和泵補；透過正齒輪傳動，使蒸氣活塞的速度在泵浦上降低。

第 62 節 棘爪和棘輪裝置、間歇式裝置

1132. 常見的棘輪和棘爪（ratchet-wheel and pawl），又稱掣動裝置（detent）。

1133. 同上，具有複合式棘爪，以檢查圓周運動是否小於齒距。

1134.鎖定棘爪。

1135.支撐作用棘爪。

1136. 印度橡膠球形棘爪（indiarubber ball pawl）；有時會以實心滾輪替代印度橡膠球。

1137.反向棘輪，用於從搖臂持續進料。

1138.球窩棘輪，將傾斜工作。

1139. 棘爪，與普通正齒一起使用，有時可雙向作用（見虛線），用來朝反方向驅動。

1140.棘輪轂。

1141. 靜音棘爪；在透過肘節接頭和槓桿反轉時，棘爪會被從齒輪中舉起。

1142.頂部棘輪和棘爪。

1143. #1136的應用形式，做為靜音進給裝置使用。

1144.擎子和掣動裝置的連續進給運動。

1145. 哈爾（Hare）的腳踩棘輪裝置，具有掣動裝置。

1146. 靜音進料。顎夾會在朝單一方向移動時抓住輪緣，然後朝另一方向鬆動。

1147.往復運動的輪子和曲柄裝置。

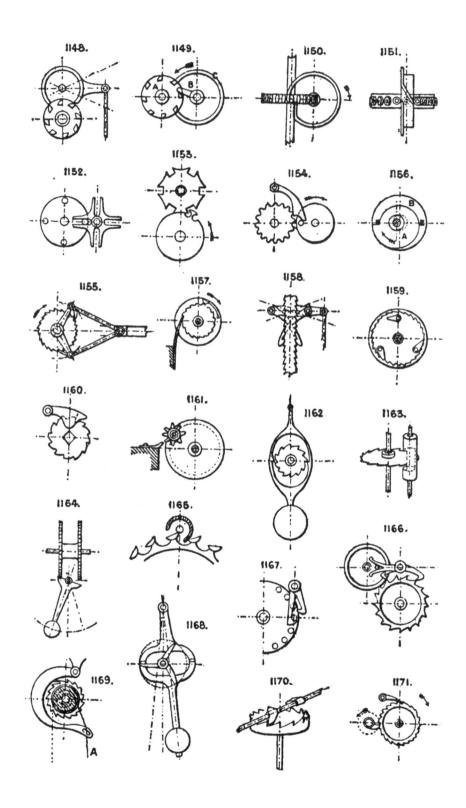

1148. 往復環形運動至上述間歇式環形裝置中，此為凱澤（Kaiser）的專利。

1149. 持續環形運動至上述間歇式裝置中，凱澤的專利。當B指針不在齒輪上時，A輪由C環鎖定，然後該環會通過A的輪齒之間。

1150. 凸輪環間歇式進給裝置。

1151. 上述裝置的改造形式；在兩個凸輪中，輪子會由通過輪齒間的法蘭在凸輪停止轉動時鎖定。

1152. 起槽磨輪和銷齒輪。

1153. 分段轉輪式間歇進給裝置；在主動輪停止轉動時鎖定。

1154. 在銷齒輪A每次轉動，且棘輪移動一個或多個輪齒時，棘爪都會脫離齒輪。

1155. 雙棘爪和環圈以進行連續性進給運動。

1156. 在主動輪進行部分運轉時，凸輪A會偏心於輪B，且在任何必要點皆會脫離齒輪。

1157. 彈簧棘爪進給運動；附有棘爪的大型輪會驅動棘輪。

1158. 震動槓桿和雙棘爪，用以抬起齒條。

1159. 內部棘爪，透過重力被投入齒輪。

1160. 棘爪脫離齒輪的方式，是透過將手把放在軸的方形端上，該手把的凸起形狀能抬起棘爪。

1161. 星形輪和固定式棘爪，用來將間歇運動傳送至旋轉碟盤上的螺絲。

1162. 鐘擺和棘輪擒縱器。

1163. 圓柱形擒縱器。

1164. 鐘擺和雙棘輪擒縱器。

1165. 圓柱形擒縱器的放大設計。

1166. 槓桿擒縱器。

1167. 雙棘爪和針齒輪擒縱器。

1168. 三腳擺錘擒縱器。

1169. 自持續棘輪裝置。拉動繩A，透過拉直繩索迫使彎曲的墊子桿向後拉，使棘爪脫離齒輪。

1170. 機軸擒縱。

1171. 間歇環狀運動，透過旋轉棘爪和掣動裝置來進行。

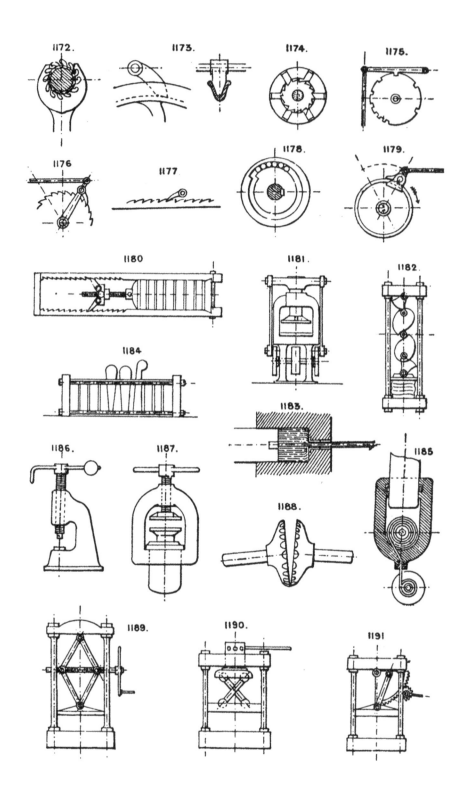

1172. 板手棘輪；一種簡單的扳手，在靠近其中一個顎夾的一端處具有銷，可滑入棘輪的輪齒中。

1173. V形棘爪；透過將自身楔入V形法蘭之間來運作。

1174. 重力棘爪和棘輪。

1175. 棘輪，用來管理鐘的撥動裝置。

1176. 棘爪與槓桿的接頭端以鉸鏈連接，並透過桿子的回復運動來拉出齒輪——靜音進給。

1177. 棘爪和齒條。

1178. 滾輪和斜面分節式凹口，以進行靜音進給運動。

1179. 抓住棘爪和環圈以進行靜音進給運動。

#725蝸形棘輪。

第63節 壓製 一般的螺旋壓機和液壓機皆為知名的機器。

1180. 齒條和螺旋壓機。

1181. 動力壓機（power press）又稱壓印機（stamp），具有從下方運作的雙曲柄裝置。

1182. 狄克（Dick）的耐磨壓機，始終保持滾動接觸。

1183. 液壓機，具有鉛管製造模具；這類壓機是用來製造陶製排水管和風管。材料會從環形洞口擠出。

1184. 楔形壓機。

1185. 立體液壓機；股線或繩索會纏繞在汽缸內的圓桶上，以此排出水分並抬升柱塞。

1186. 螺旋手動壓機。

1187. 複合式螺旋和液壓機。螺旋桿透過手動向下運作，直到壓力過大，無法以手動動力繼續進行為止，向下壓的動作會由液壓柱塞完成。

1188. 旋轉模具。

1189. 「布麥爾」（Boomer）雙螺旋肘節壓機，隨著壓機跟隨裝置下降，壓力會逐漸增加。

1190. 旋轉肘節壓機，具有相似的功能，但更受限的移動範圍。

1191. 扇形和鏈條壓機，用於增加壓力。

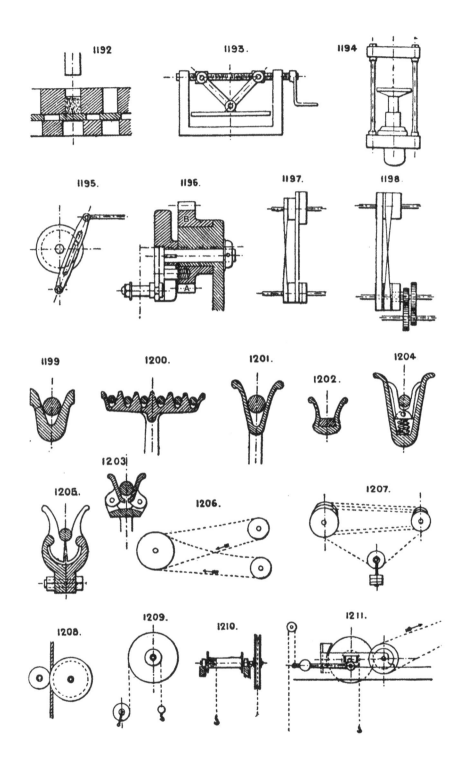

1192 1193. 1194 1195. 1196. 1197. 1198. 1199 1200. 1201. 1202 1204 1203 1205. 1206. 1207. 1208 1209. 1210. 1211.

1192. 壓模，具有用來卸料的滑床鈑。

1193. 螺旋和肘節壓機；是#1189的改造形式。

1194. 雙柱塞液壓機，適用於兩道壓力；小型柱塞用來給予第一道壓力，大型柱塞則用來完成壓縮。

　　亦見§13。

第 64 節　動力和速度，不同的裝置　（見§53，機械動力。）

第 65 節　急回裝置　用於有一方向是慢速運動，另一方向是快速回復運動的機器。

1195. 有槽槓桿和曲柄裝置；能給予不同速度，曲柄銷位於底部中央時的速度最快，位於頂部時速度則最慢，會在各衝程端稍微停頓。

1196. 惠特渥斯（Whitworth）的裝置。輪B中的銷A會在曲柄盤中朝離心方向運動，該曲柄盤離心於主動輪B運行的固定輪轂，因此銷主動運動的半徑會隨著旋轉而不同，且會在盤中狹槽中上下運行。

1197. 透過兩條皮帶（一條開放式，一條是交叉式）以及不同直徑的主動鼓輪來運作。

1198. 透過兩條皮帶（一條開放式，一條是交叉式），但由相同鼓輪驅動。中央滑輪未固定，左側滑輪固定在正齒輪上，右側滑輪則固定在正小齒輪上。

　　分節式齒輪，透過內環和中央小齒輪交替傳動。見#724。

　　見§74。

第 66 節　繩索傳動

1199. V形槽狀滑輪緣，適用於圓繩。

1200. 多種滑輪緣，用於磨輾機等的繩索傳動。

1201. 單一V形槽狀滑輪緣，適用於接地繩。

1202. 鋼索傳送的滑輪，凹槽中有木製基座。

1203、1204及1205.夾式滑輪，能透過本身的張力來抓住繩索。

　　一般圓槽滑輪。見§71的#1241。

繩索夾具滑輪，有突釘（snug）以楔住繩索並避免滑動。見§71的#1242。

凹頂槽輪。用於快速運作的鋼索。輪轂通常呈分裂形式，以擴大冷卻，且雙臂以鍛鐵製成。見§71的#1243。

1206.繩索傳動。

1207.繩索傳動，具有張力滑輪和砝碼。

1208.繩索夾具滑輪，用於驅動吊繩，大型滑輪具有V形溝槽，小型滑輪會將繩索壓入該溝槽中。

1209.滑車曳引繩傳動裝置，用於簡易起重機等，可用來取代正齒輪傳動裝置。

鋼索傳送裝置。使用小直徑的循環鋼索，在大型滑輪上運作，並以高速（通常是每分鐘3至4千英呎，即76.2至101.6公尺）驅動。這類動力可以在不平坦的地面上運送很長的距離，但不適合水平方向的繩索。

第 67 節 動力儲存器、累積器

a.飛輪或效果相同的裝置。

b.彈簧。見§80。

c.砝碼。

d.壓縮至儲存器中的空氣或氣體；空氣容器、風箱。見§7。

e.上升至高架儲存器或儲存槽中，或抽至滿載累積器中的水。#1586多種壓力累積器。

f.儲存在累積器中的電力。

g.爆裂物。

h.機械擺。有時用於累積能量以瞬間給予能量，如打孔。

第 68 節 往復運動和環形運動裝置，將一種運動轉換為另一種

（見§21循環和往復運動裝置）
（若要了解棘爪和棘輪裝置，見§62）

第 69 節 抬升和下降

(1.)透過手動力

a.一般絞車和曲柄把手。

b.絞車，透過循環握索和輪子來運作，與#1210、1220相似。

1210.手動握索圓桶吊車。在此機器中，可以在握索輪和捲索筒間插入傳動裝置，以增加動力和降低速度。

c.多種模式的不同滑輪組（見衛司吞、皮克林、摩爾等形式）見§31。

d.藉由螺旋齒輪，如同在一般螺旋千斤頂中使用的零件一樣。見§78。

e.齒條和小齒輪。見#754。

f.蝸輪和齒輪。見§84。

請注意，如同制動輪一樣，這些齒輪應永遠在負荷軸之上，如此一來，制動煞車才不會透過鋸齒傳動裝置傳送至負荷物。若無制動輪，蝸輪通常無法承重，除非存有不應該存在的過多摩擦力。

g.摩擦齒輪。見§38。

(2.)透過動力

可以透過以下方式應用在以上任一裝置：

a或**b.**透過傳動裝置（見§84）、皮帶（見§3）或摩擦齒輪（見§38）應用在一般絞車上。

b.透過抓住在附夾具的輪子間的循環繩索（見#1208），可以將小型輪拋入齒輪，以藉由槓桿、凸輪或螺絲抓住繩索。

c.可以透過皮帶或傳動裝置從軸上驅動不同齒輪。見§84和3。

d.螺旋齒輪。同上。

e.齒條齒輪。同上。

f.蝸輪和齒輪。同上。

g.摩擦齒輪通常會以#1211的方式驅動。

1211. 在筒軸能進行些微水平移動之處使用，因此可以透過槓桿將筒軸強迫推入具有摩擦小齒輪的齒輪，以抬起負重物，或推入制動塊以支撐或降低負重物。

有時也會使用有槽摩擦V形傳動裝置。見#667。

(3.)液壓裝置，見§42。

直動式設計是簡單的柱塞和汽缸，如同在液壓機中一樣，柱塞要與升降室的活動高度一樣長。若要了解倍增式液壓裝置，見§42。

平衡升降室等的靜載重。通常由繩索端附帶的砝碼來完成，該繩索在架高滑輪上運作且固定於升降室上，如#370，或透過加載至需要重量的輔助汽缸和短衝程柱塞來完成，然後透過管路傳送給左汽缸。見§20。

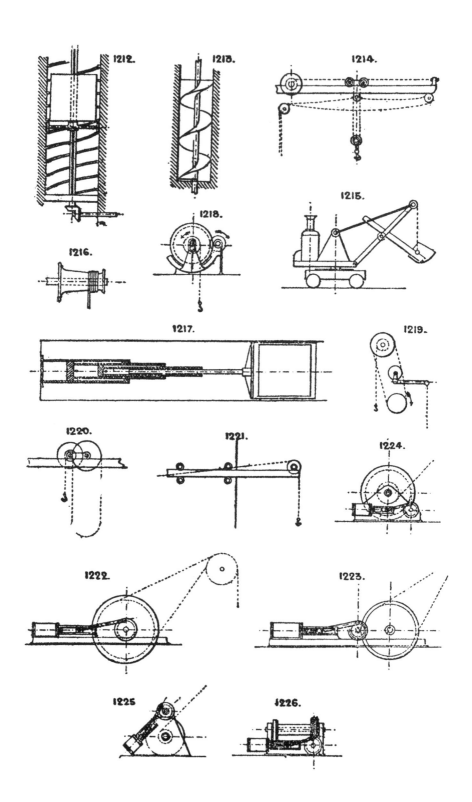

(4.)僅用於下放砝碼

a.可以使用液壓汽缸和活塞，升降室會直接附於其上或其下，升降室或平台因為平衡砝碼和繩索（如#370 一樣在滑輪上運作）而失去平衡，這將足以將升降室或平台清空。透過直通閥來控制水從一側活塞通過，並流至另一側活塞的速度。見§5。

b.可以使用一般V形輪和制動輪，升降室會失去平衡，如上所述；並僅由制動裝置來控制裝置。或者，液壓煞車缸可用來連結附於升降室上的繩索或鏈條。見§5的備註。

其他吊車裝置有：

直動蒸氣或空氣汽缸，活塞桿會直接連結至升降室。

空氣容器，依據氣量計原則運作，但其高度等於運行長度，且直徑與使用的氣壓成比例。

1212. 內部螺旋升降機。立軸具有凸起槽，且每個輪子各端能攜帶雙十字頭，在螺旋導軌上運作，並抬起升降室。

1213. 螺旋升降機，用於冰等物品。垂直上螺旋工具。

1214. 移動式吊車，具有進出裝置以及繩索。

1215. 蒸氣挖掘器和吊車。

1216. 牽索絞盤。因為有圓錐形法蘭，因此繩索能在圓桶上或下進行收放，在運作時沿著圓桶變換調整自身位置。

1217. 里奇蒙（Richmond）的專利差速器伸

縮液壓升降機。每個活塞下的水會被強制推入上方的下一個汽缸，如此一來，所有柱塞便能以成比例的速度向上運作，並同時淋洗柱塞衝程的頂端。

1218. 自持齒輪。小齒輪的旋轉會傾向於抬升圓桶，並將制動輪抬離煞車；降低圓桶則是透過將動輪抬離煞車的槓桿，來解除制動。契里（Cherry）的專利。

1219. 皮帶吊車。透過未固定的垂直皮帶來運作，在需要提升時，由槓桿和滑輪來拉緊，而在降低負重物時，皮帶摩擦力的用途便與制動器相同。

1220. 移動式手動吊車，具有循環繩索。

1221. 移動式吊錨吊車。吊錨可以隨著負重物向後運作；絞車有時會固定於移動樑上，並隨其向內、外移動。

1222. 捲揚機，常用的直動形式。

1223. 以齒輪連接的捲揚機。

1224. 蒸氣絞車，水平配置形式。

1225. 蒸氣絞車，對角配置形式。

1226. 蒸氣絞車，水平蝸輪形式。

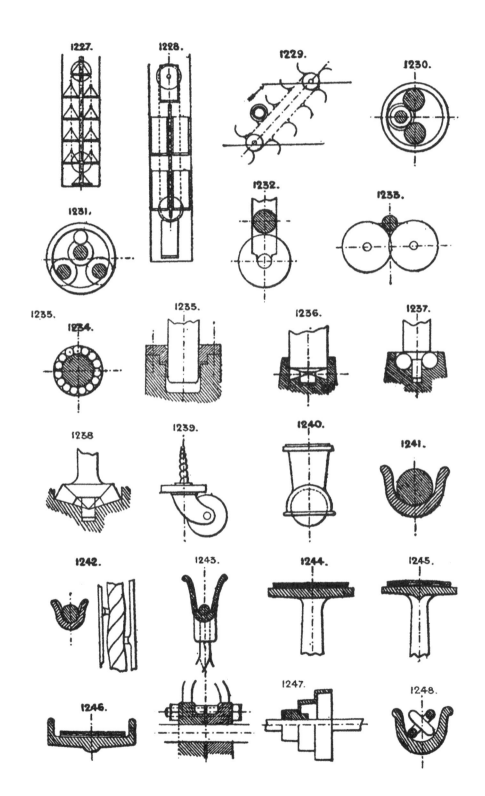

1227. 1228. 1229. 1230. 1231. 1232. 1233. 1235. 1234. 1235. 1236. 1237. 1238. 1239. 1240. 1241. 1242. 1243. 1244. 1245. 1246. 1247. 1248.

1227. 連續抬升裝置，適用於包裹等。具有一些懸吊於兩條循環鏈水平支點上的小型升降室、盒箱或平台；升降室會受引導，因此會正好永遠維持垂直。

1228. 連續抬升裝置，適用於乘客等。有時升降室會由兩條位於頂部的循環鏈來懸吊；或者有時雖由兩條位於頂部的循環鏈來懸吊，但在升降室的對角線反方向處有附屬物件；而有時則會由一條位於背後且有導軌的循環鏈來懸吊。

1229. 連續性圓桶吊車。

亦見§18起重機。

第70節 解除軸承上的壓力、抗摩擦軸承

1230. 由兩滾輪或支撐軸的樞軸在鋼性環內部產生滾動接觸，但滾輪或軸必須朝相同方向運作。用於輾磨機等。

1231. 相同裝置，但使用三個滾輪或軸。

1232. 軸受到垂直引導，會由具有小樞軸的大型滾輪來承載砝碼。

1233. 如前所述，軸會在兩個滾輪間的V形上運作。

1234. 滾輪或球形軸承。滾輪末端的樞軸在未固定環中運作時，摩擦力最小，因此將能使滾輪分離，且讓其在轉動時不會互相摩擦。

1235. 液壓軸承，軸會由水壓（或用油壓更好）來支撐。

1236. 立軸，具有圓錐滾輪。

1237. 立軸，具有球形軸承。

1238. 立軸，具有法蘭和圓錐滾輪。

1239. 一般旋轉萬向輪。

1240. 球形萬向輪。

第71節 繩索、皮帶和鏈輪 （亦見§66）

1241. 圓繩的滑輪，沒有任何抓力。

1242. 圓形有槽滑輪，適用於圓繩，具有抓握突釘。

1243. 圓繩的V形滑輪；坑口滑輪。

用於鋼索傳送的滑輪，有木製基座，適合高速。見§66的#1202。

多種繩索抓握滑車，用於繩索傳動。見§66、#1200。

1244. 皮帶滑輪，平坦表面。

1245. 皮帶滑輪，拱頂表面。圓化形狀是為了防止皮帶掉落偏移。

1246. 有法蘭的皮帶滑輪。

1247. 錐形皮帶輪。

1248. 圓槽鏈輪。

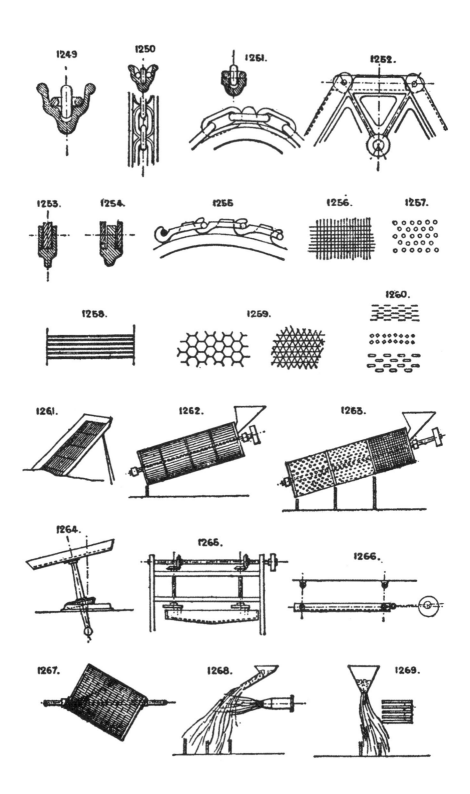

1249. 雙槽鏈輪；避免鏈條扭轉。

1250. 有節距的鏈條突釘滑輪（pitched chain snug pulley），又稱鏈輪滑輪（sprocket pulley）。突釘上的節距應比鏈條稍長，以配合鏈條的磨損和伸長。

1251. 鏈輪，在慢速時用於長鏈環。

1252. 鏈輪，用於長平鏈環的節距鏈條。

1253及1254. 單和雙鏈條上顯示的輪緣節距。

1255. 鏈輪，用於伊渥特（Ewart）專利的節距鏈條。見§11鏈條等。

第72節 過篩和篩選

1256. 方形網目的金屬絲網。

1257. 多孔板。

1258. 平行條或平行線。

1259. 六角形或三角形網目的金屬絲品。

1260. 狹縫和方形孔洞，用於播種等。

易變網目的形式，由銷釘連接的平行系列斜向鋼筋製成，以滑動橫桿，如此一來，便可以調整網目板的角度，並因此減少或擴大空間；原理與#617相同。

1261. 傾斜篩選器。

1262. 圓柱形或傾斜捲架篩選器。

1263. 圓柱形分級篩選器或分選器。

1264. 旋轉篩選器，具有轉動斜面齒輪裝置。見#711。

1265. 旋轉水平篩選器。

1266. 搖篩或選篩。有時配有鼓風機或吸引器，以帶走較小的顆粒。

1267. 偏心或有角圓桶篩選器或混合器。

1268. 噴氣篩選或測量儀器。

1269. 愛迪生（Edison）的磁力篩選儀器，用於鐵或鋼微粒。

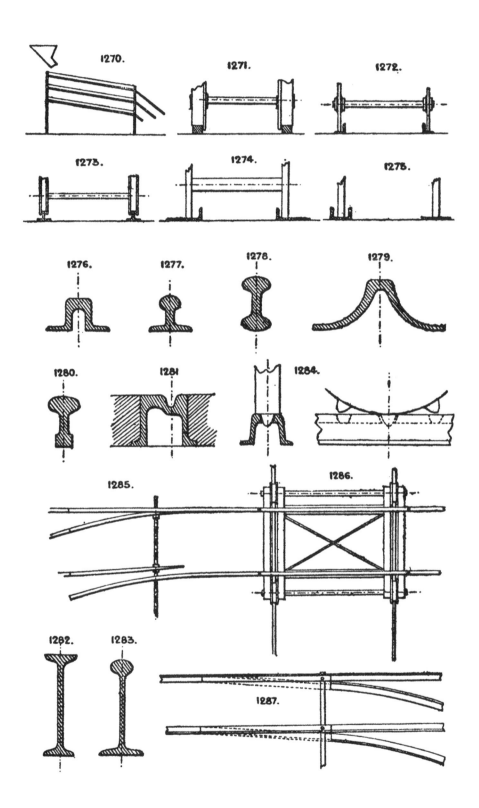

1270. 1271. 1272.
1273. 1274. 1275.
1276. 1277. 1278. 1279.
1280. 1281. 1284.
1285. 1286.
1282. 1283. 1287.

1270. 測量或篩選器，會如圖所示受到固定，或如#1266般保留在裝置中。

亦見§26選礦和分離。

第73節 鐵路和電車路

1271. 方桿軌條。

1272. L形鐵製電車路；通常以鑄鐵和鳩尾連接一起製成。

1273. T形鐵製電車路。

1274. 電車路，具有一般車輛用的凸緣板。

1275. 電車路，有一個通道板和一個平板。

1276. 橋上軌條。

1277. 凸頭平底軌條。

1278. 雙頭軌條。

1279. 「巴羅」（Barlow）軌條。

1280. 凸頭軌條。

1281. 齊平有槽電車道軌條。見#1839至1841。

1282. 輥壓工字樑軌條。

1283. 凸頭鐵製軌條。

1284. 埃奇（Edge）的專利穿孔軌條和鋸齒輪。

多種形式的組合式鋼筋墊架和軌枕皆以鍛鐵和鋼製成。

1285. 左側轉接。

1286. 編解車廂，用於橫向編解；載運主要道路的一段短節，使其在位於較低層的獨立軌道上運行；通常會用來代替編解的轉臺。

1287. 電車道轉接。

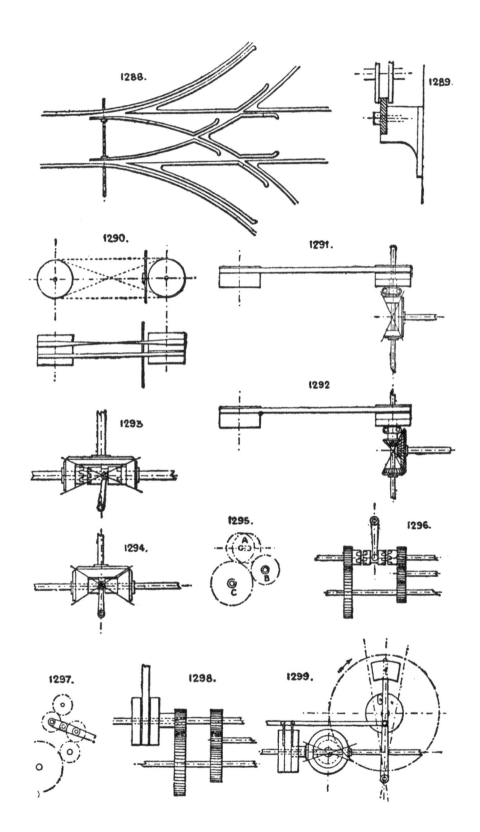

1288.

1289.

1290.

1291.

1292.

1293.

1294.

1295.

1296.

1297.

1298.

1299.

1288. 右側和左側轉接和交叉，顯示出保護軌條的配置。

1289. 平頭軌條上的扁條。

見§99軌條的其他部分。

第74節 反向裝置 若要了解蒸氣引擎的反向齒輪，請參閱§79。

1290. 反向傳動裝置，透過開放和交叉的皮帶來運作，具有兩鬆、一緊的滑輪。

1291. 反向傳動裝置，透過單一皮帶、兩個緊滑輪以及一個鬆滑輪和斜面齒輪來運作，一個具有套管的斜面小齒輪，其緊滑輪固定於該套筒上，另一個斜面小齒輪則固定於軸上。

1292. 反向傳動裝置，透過單一皮帶來運作，具有快速和慢速裝置；是上一類型的改造形式。

1293. 透過雙離合器和斜面輪來運作。

1294. 反向摩擦圓錐體或斜角。

1295. 三輪齒輪。主動輪A可以與主動輪C或惰輪B一起放入齒輪中。

1296. 雙離合器和正齒輪反向運動裝置，具有惰輪。

1297. 反向小齒輪，如在一般螺絲釘切割車床上使用的零件一樣。此齒輪有多種應用形式。

1298. 單一皮帶齒輪在#1296上的應用方式。

1299. 自反向齒輪，具有一條皮帶以及兩緊、一鬆的滑輪。大型正齒輪透過斜面齒輪驅動，且在降下並倒轉皮帶叉時，透過面板或面盤上的擋塊，載運通過垂直位置的負重槓桿。見#1026。

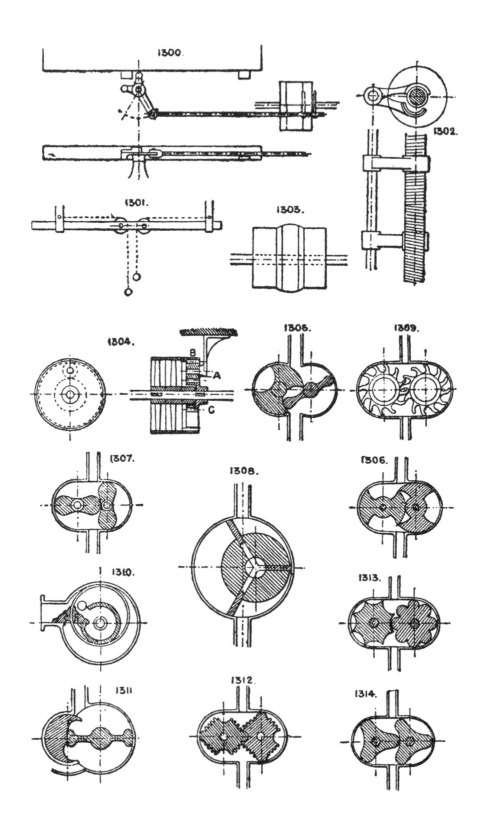

1300. 自反向齒輪，適用於刨床。可以在任何必要的距離之間放置擋塊，以改變機床的運行長度。此設計形式需要一張重型桌檯以乘載皮帶，使其跨越鬆滑輪至另一個緊滑輪。

1301. 可逆式皮帶移轉手動齒輪裝置。

1302. 右側和左側的螺旋反向橫動裝置。各槓桿皆有對開螺帽，可以用螺絲釘將其放在齒輪中，以向任一方向驅動。亦見#163。

1303. 固定輪和鬆滑輪的最佳形式，用於開放式和交叉皮帶反向齒輪，如#1290所用形式；與兩個鬆滑輪相比，固定輪的直徑更長。

1304. 單一皮帶反向滑輪，透過從行星輪B和軸上小齒輪C間跨越的惰輪A來獲得軸上的反向運動，中間的滑輪是鬆滑輪，惰輪則由固定的支架和針銷來運送。

備註——可以直接透過任何裝有反向裝置的蒸氣引擎來獲得反向運動。見#1436等的閥門裝置。

#724分段式反向齒輪。

第 75 節 轉子引擎、泵浦等

幾乎所有轉子引擎皆可做為馬達、泵浦、鼓風機或測量器使用，且以下多數典型裝置皆用於達成以上四項用途。以下裝置多數可透過簡單倒轉馬達流體的方向，成為可逆式裝置。

1305. 迪斯頓（Disston）式；做為壓力鼓風機使用。

1306. 路特式，鼓風機和泵浦。

1307. 路特式。

1308. 馬肯吉（Mackenzie）式；可能會有一、二或三個葉片。

1309. 古德（Gould）式。

1310. 巴格來（Bagley）和休厄爾（Sewall）式。

1311. 葛萊因德（Greindl）的旋轉泵。

1312、1311、1314及1315. 多種相互嚙合的活塞旋轉引擎。

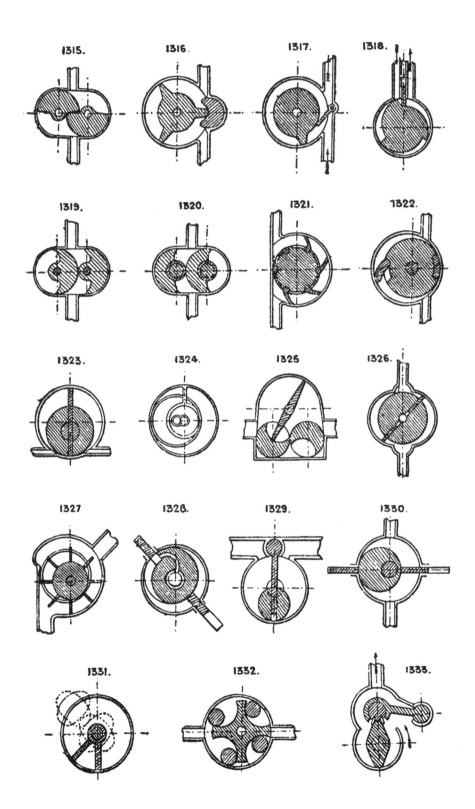

1315. 1316. 1317. 1318.

1319. 1320. 1321. 1322.

1323. 1324. 1325 1326.

1327 1328. 1329. 1330.

1331. 1332. 1333.

1316. 小型新月形活塞會旋轉三次，使三臂活塞旋轉一圈。

1317. 每次旋轉臂通過時，便會推動以鉸鏈連接的模板。

1318. 滑動模板和凸輪活塞裝置。

1319及**1320.**「路特」（Root）引擎的種類。

1321. 以鉸鏈連接的葉片會在通過套管扁平側時，在旋轉活塞上方關閉。

1322. 有偏心活塞和兩個以鉸鏈連接的葉片。

1323. 偏心活塞和滑動隔板。

1324. 克萊恩（Klein）的裝置。偏心環會在與內部和外部套管接觸時旋轉，但會避免藉由固定的模板和槽來旋轉軸心。

1325. 貝克（Baker）的壓力鼓風機。

1326. #1323的改造形式。

1327. 偏心環會在其中央旋轉，讓葉片能在輪子轉動時，交替伸至蒸氣空間。

1328. 艾佛瑞（Ivory）式。偏心凸輪和兩扇滑動模板，附有一個中央蒸氣入口。

1329. 梅勒（Mellor）式具有搖動葉片，該葉片藉由曲柄轉動的偏心活塞來擺動。

1330. 偏心活塞和兩片滑動葉片或蒸氣擋片。

1331. 差速旋轉引擎，可以裝設橢圓形齒輪（見§34），或史都華（Stewart）的差速齒輪（#554）。

「塔式」（Tower）球形引擎是旋轉引擎的知名形式。參見 1883年 8月10日的《工程師》（Engineer）月刊。

1332. 偏心四臂活塞，具有四個滾動阻塞物或填充物。

1333. 梅勒（Mellor）的專利泵浦，具有搖動葉片或隔板，附有的填充裝置，能調節自身以適應旋轉橢圓活塞。

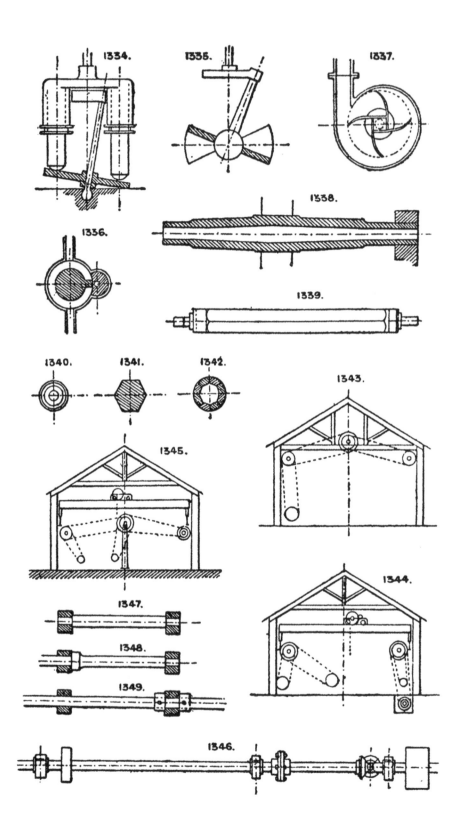

1334. 比斯考普（Bisschop）的圓盤引擎，具有三個或四個汽缸，且是單動式，其柱塞會交替壓在圓盤邊緣上。

1335. 圓盤引擎的另一種形式，其隔板（會垂直上升或下落）會形成蒸氣擋片。

1336. 此為#1316的改造形式。

1337. 旋轉式或離心式泵浦或風扇，有各式各樣的類型可供使用。後者形式（如布雷克曼〔Blackman〕式和其他形式）具有對角式固定葉片，以將右角的空氣推進至裝置平面。

第76節 軸系

用於透過傳動裝置，將運動從馬達傳達至各種類型的驅動機器上。見§3、11、38、40及84。使用的材料有：圓形、方形或多邊形鍛鐵或鋼條、鑄鐵、木材、鐵或鋼管、打平的圓鐵或鋼條等。斯托（Stow）的撓性軸系。見#442。

1338. 鑄鐵軸的軸向部分。這些有時會製成X節形式。

1339. 木製軸，具有端套圈和鐵端中心。

1340、1341及1342. 上述的剖面圖，實心固體和空心圓形。

1343、1344.及1345. 傳動軸系在機械廠或工廠中的配置，不一定會有高架移動式起重機。

1346. 傳動軸系的範例，展示軸承（見§46）、聯軸器（見§16）、滑輪（見§3）以及傳動裝置（見§3、84）。

要做為滾輪的軸，通常會製成空心的鍛鐵或其他金屬管、馬口鐵、鋅版或鐵皮鉚接；有時（如#1342）會是固定在實心多邊形塊或中心的木製隔熱材料，這些材料可能會連續或以短片固定在間隙上。

亦見下一章節（§77）。

第77節 心軸和中心

1347. 心軸，具有沉端軸承。

1348. 心軸，具有沉頭軸承和一個軸環。

1349. 平直心軸，具有兩個鬆軸環。在使用附有未固定蓋的底座時（見§46），軸環可以與心軸牢固結合，但若是長軸，

軸環則僅能如圖所示固定於一端，以容許膨脹。而輪子則通常會占據一個或兩個軸環的位置，用途相同。

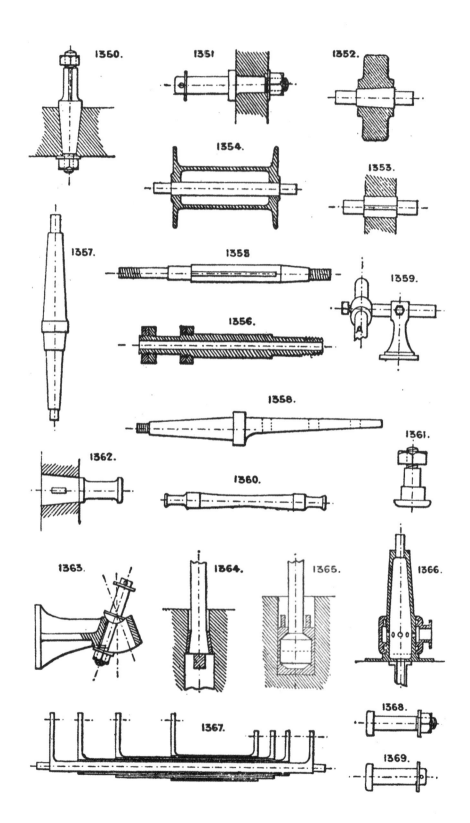

1350. 1351. 1352.

1354. 1353.

1357. 1355. 1359.

1356.

1358.

1362. 1360. 1361.

1363. 1364. 1365. 1366.

1367. 1368.

1369.

1350. 圓錐形中心，固定式。

1351. 軸環中心銷或雙頭螺栓，固定式。

1352. 圓錐形中心，適用於滾輪或相似零件，驅動就位。

1353. 滾輪或相似零件的平行中心，鎖定就位。

1354. 起重機圓桶等的正方形中心。見#634及635。

1355.及1356. 車床軸承心軸，可以是實心或空心；有時會製成圓錐形，有時是平行短管。

1357. 錐形起重機柱。

1358. 錐形推車車軸。

1359. 萬向中心，用來讓鑽孔器等機器（或上述零件）能調整為任何可能角度，機器會固定在條桿A的一端上。

1360. 火車車廂車軸。若要了解曲柄軸，見§10。

1361. 正方形短管中心螺栓。正方形短管可避免螺栓轉動及鬆動螺帽。

1362. 錐形體且有開口銷的曲柄銷或中心，有時用螺帽來固定，如#1350。

1363. 中心銷和托架，可調整至多種角度。

1364.及1365. 將桿端固定至機器任何實心零件上的兩種方法；用於蒸氣錘頭。

1366. 空心柱中心，有水或蒸氣管道以便轉動。

1367. 套筒中心組，用來讓多對槓桿或輪子裝置能獨立放在單軸上。

1368. 一般中心銷，具有螺帽、墊片和開口銷。

1369. 一般中心銷，具有開口銷和墊片。

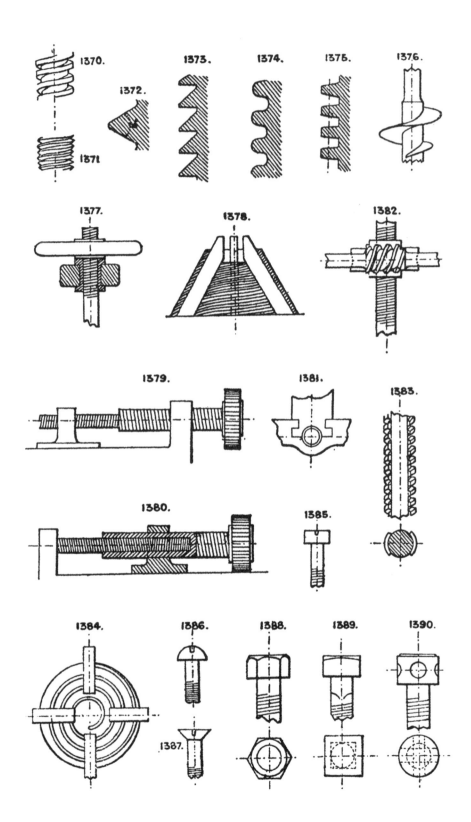

1370. 1372. 1373. 1374. 1375. 1376. 1371.

1377. 1378. 1382.

1379. 1381. 1383.

1380. 1385.

1384. 1386. 1388. 1389. 1390. 1387.

第78節 螺旋齒輪、螺栓等

1370. 方形螺紋。單、雙或多條螺紋。

1371. V形螺紋螺絲。

1372. 放大的V形螺紋剖面圖。

1373. 對總是來自同方向的張力，最為強韌的螺紋。

1374. 圓形螺紋螺絲。

1375. 齒輪連接的螺紋，與一般輪齒一起使用，螺紋剖面與相同節距支架輪子的剖面相同。

1376. 地螺絲、螺旋樁、螺旋繫泊、地鑽。見#580。

1377. 固定螺絲，有手輪以旋轉螺帽，螺絲不會旋轉。

1378. 錐形螺絲；用於夾頭等。有兩個、三個或多個有槽滑動顎夾以符合錐形螺紋。

1379. 及**1380.** 差速螺絲。一個固定，另一個旋轉，將動作平分給兩個螺絲的不同節距（見§31）。見#1430。

1381. 螺絲，有對開螺帽；固定螺絲的軸承，將其做為對開螺絲運動時的支點，該軸承可以裝在任何滑動裝置上；適用於顎夾夾頭。

1382. 螺絲和蝸齒輪，用於千斤頂等。有蝸輪的蝸齒輪具有在主要螺絲上運作的中央螺帽。

1383. 具不完整螺紋的螺絲和螺帽。在某個位置上，螺帽可以在螺絲上滑動，且有部分轉動使其鎖定。用於瞬間抓力老虎鉗等。

1384. 三個或四個顎夾夾頭的斜形螺紋，擴大裝置等。見§28和36。

1385.、**1386.** 及**1387.** 螺絲頭起子，用於螺絲。

1388. 及**1389.** 六角形和四方形螺絲頭，適用於一般扳手。

1390. 螺絲頭的形式，需要特殊扳手或尖頭的棍子才能使用。

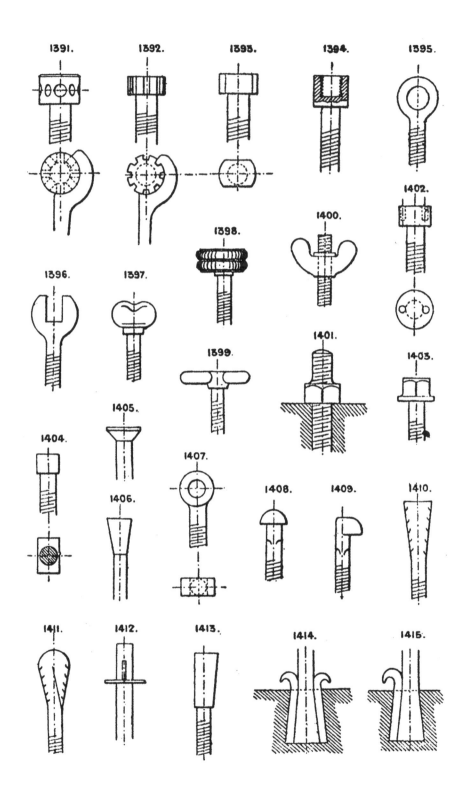

1391. 汽缸頭用螺栓，附有鑽孔和特殊扳手。

1392. 汽缸頭，但以凹槽代替扳手用的孔洞。

1393. 汽缸頭，但汽缸頭上有兩個凹槽，以配合一般扳手。

1394. 承窩頭，用來接受第二個螺絲。

1395. 環首螺栓。

1396. 指捻螺絲（thumb screw）。

1397. 指捻螺絲，又稱擋板螺絲（shutter screw）。

1398. 銑頭螺絲。

1399. T頭螺絲。

1400. 指捻螺帽或蝶形螺帽，以及螺絲。

1401. 六角軸環螺樁，以接受螺帽或其他內螺旋固定件。

1402. 叉形扳手的螺栓頭，用於沉頭或埋頭。

1403. 六角頭，有實心墊片或軸環。

1404. T頭螺栓，用於鑄造物中的T形溝槽。

1405. 及 1406. 埋頭。

1407. 環首螺栓，有供銷或螺栓使用的平面側和直眼。

1408. 圓頭。

1409. 鉤頭螺栓。

1410 及 1411. 吊楔螺栓、棘螺栓。

1412. 插銷螺栓。

1413.、1414. 及 1415. 吊楔螺栓和主要零件部分。

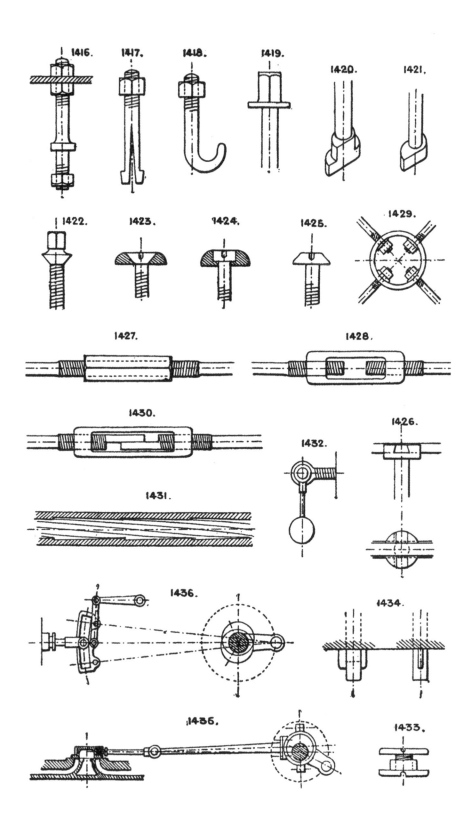

1416. 軸環螺樁（collar stud）。

1417. 分叉型彈簧頭螺栓。

1418. 鉤頭螺栓。

1419. 實心頭和環螺栓、底板螺栓。

1420. 及**1421.** 螺栓頭，以在鉋花機等機器的T形槽中滑動和轉動。

1422. 埋頭螺栓。鍋爐拉條。

1423.、**1424.** 及**1425.** 處理螺絲頭的方法，以避免夾到旁邊經過的物件。

1426. 螺絲頭，具有十字鳩尾，以支撐鍵或用螺絲拴緊的桿子。

1427. 及**1428.** 右側和左側的螺旋聯軸器，用於拉桿等。

1429. 環形聯軸器，用於2、3、4或更多連結撐桿的桿端。

1430. 右側和左側的螺旋聯軸器，有對開端以避免桿子轉動；可能以差速裝置的一細、一粗螺紋製成，或以右側和左側螺紋製成。

1431. 膛線，用於軍械等，即螺距恨長的內部多個螺紋。

1432. 螺絲扳手；砝碼用來避免裝置鬆動。

1433. 皮帶螺絲。

1434. 嵌條銷栓螺栓。

亦見管路聯軸器，#1071、1072、1073、1074、1075及1062、1068、1070。

若要了解斜形螺紋和上螺旋工具，請見§57。

螺旋泵浦。#1022。

請注意，可以組成一個有逐漸增加或減少螺距的螺絲，如同螺旋槳一樣。亦見#1378。

雙螺旋齒輪，見#727。

蝸輪齒輪，見#730。

蝸形和冠狀齒輪，見#733。

蝸形和蝸旋齒輪，見§84。

第79節 滑動裝置和其他閥齒輪

如果嘗試圖解說明所有驅動蒸氣閥門和其他馬達引擎的齒輪種類，除了超出本書範圍之外，也不簡單實用。因此，我僅會以圖解說明普遍使用的重要齒輪類型，這些類型的細節為了配合個別案例，可能各不相同。

1435. 此為一般滑閥齒輪，具有單偏心輪，使引擎永遠都朝向同一方向運作。

1436. 一般連桿裝置反向齒輪，具有兩個偏心輪；連桿有移動裝置，此配置是透過滑閥將偏心輪放於齒輪中，且使另一個偏心輪能驅動惰輪；或當偏心位於中央時，如粗略所示，讓兩個偏心輪都空轉，而滑閥不進行任何運動。透過將連桿放置於中間，閥門運作範圍便可以有所不同，因此也給予截止範圍一定限制。

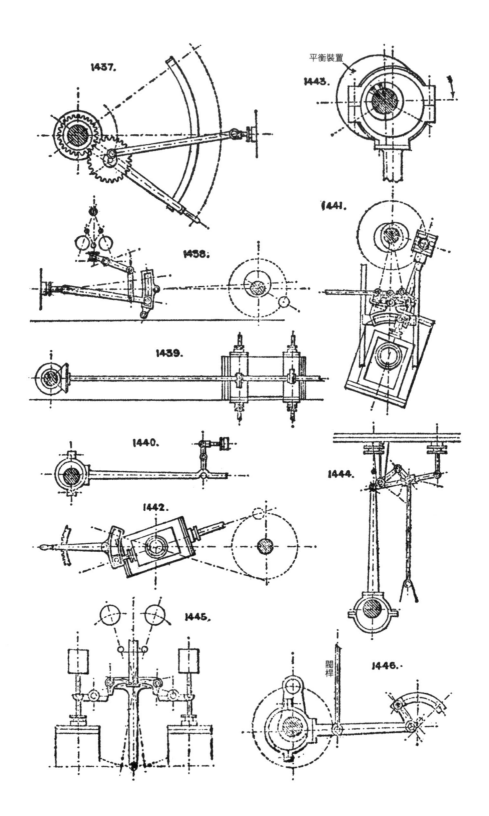

1437. 尼柯森（Nicholson）的專利反向齒輪，無偏心輪。圖示即可說明此裝置。此齒輪無法在中間運作，因為連桿裝置會改變截止範圍。此限制僅可有效簡化反向運動。

1438. 自動調節器擴張，用於單偏心輪引擎；搖桿中連桿端的位置會依據調節器而定，因此滑閥的運作範圍也是如此。

1439. 側軸裝置，用來操作科尼氏、考利斯（Corliss）和心軸閥。可以透過凸輪、偏心輪或傳動裝置在此軸上驅動閥門。

1440. 凹節槓桿，用來讓偏心輪脫離齒輪，因而停止引擎。

1441. 扇形和連桿反向裝置，用於擺動引擎；有時會使用位移偏心輪來取代連桿裝置，如#1443。

1442. 反向扇形連桿裝置，用於擺動引擎；透過連桿來操作閥門、手槓桿來改變其角度，因此閥門沒有導程。

1443. 位移偏心輪和平衡器有時會用來進行反向運動，以取代雙偏心輪和連桿；藉由軸上的停止塊朝任一方向滑動偏心輪，固定以同時給予兩個方向正確的導程。

1444. 梅鐸（Murdoch）的可變式膨脹齒輪（見 1888年 9月 29日的《機械世界》）具有一個偏心輪，可推動雙臂槓桿，其外側端會沿著閥槓桿推動滑動支點，如此一來，在衝程的不同部分上，閥槓桿的槓桿作用也將有所不同。滑動支點會連接至半徑桿上。

1445. 普羅爾（Proell）的自動膨脹齒輪。圖上所示可用於特殊雙向閥，但有時也用於特殊節流閥，因此可適用於任何一般引擎。調節器的動作會改變閥桿端上擋器的餘面，因此會改變閥門保持開啟的時間；擋器位於擺動T形槓桿的中央，透過主軸上的偏心輪來使其運作。

1446. 馬歇爾（Marshall）的閥齒輪，由一個位於曲柄軸上的偏心輪來驅動。扇形搖動中心會沿著弧形溝槽移動，以反轉引擎，給予閥桿相似的運動，如同#1436的一般連桿反向齒輪一樣。

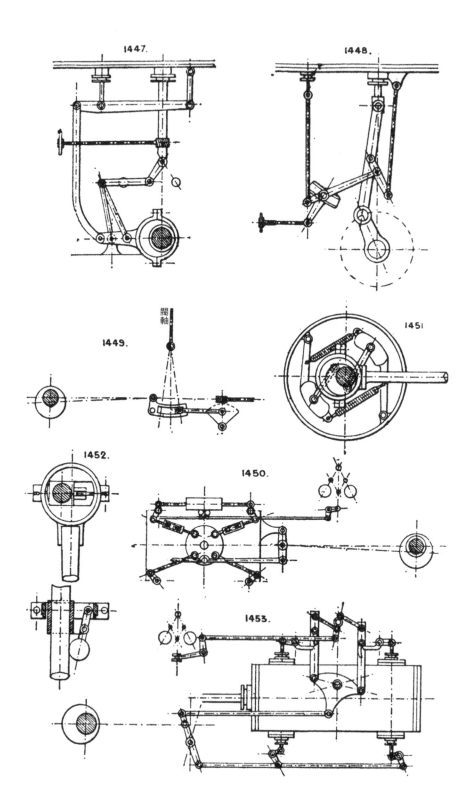

1447. 布雷母（Bremme）閥齒輪，具有單一偏心輪；會透過槓桿和彎曲連接桿從偏心桿尾端來操作閥桿；受到偏心桿後的固定軸承上三連桿附件，以及位於水平連桿右端的可移動連桿作用，彎曲連接桿會被迫移動一定弧度。若要反轉，可透過蝸輪和手輪軸將臂狀拉桿和扇形轉動至圖上圓點位置。

1448. 喬伊（Joy）的閥齒輪，透過連桿上的銷來運作。有槽T形槓桿會連接至手槓桿以進行反轉，且在反轉時，其會與垂直線保持反方向的相同角度。閥槓桿的支點在T形槓桿溝槽中有滑動裝置。

1449. 可變式膨脹齒輪，透過手動驅動。此類型裝置有許多應用形式，可用來改變截止閥的運作範圍。

1450. 考利斯（Corliss）閥齒輪，透過單一偏心輪來驅動，具有兩個蒸氣閥和兩個排氣閥，與#1445相似，透過搖動肘板上的銷來運作。蒸氣閥有跳閘，藉由調節器進行調整，其原理與#1415相似。

1451. 曲柄軸調節器，有移位偏心輪：砝碼的離心動作、對抗彈簧的動作，皆用來使內部離心輪轉動，以改變受驅動滑閥的主要離心輪距。

1452. 另一種形式：此種形式中，亦透過調節器球的動作來改變離心輪距。

1453. 與科尼式（Cornish）閥連結之自動調節器膨脹跳脫齒輪的另一種形式；透過單一離心輪使四個閥門運作，並透過調節器來調整檔器和蒸氣閥槓桿間的接觸，而減氣閥或排氣閥則會進行等速運動。

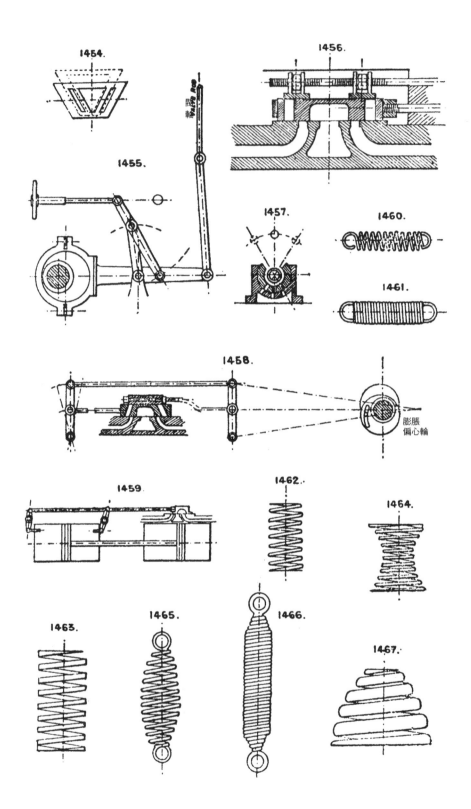

1454.

1455.

1456.

1457.

1460.

1461.

1458.

膨脹
偏心輪

1459.

1462.

1464.

1463.

1465.

1466.

1467.

1454. 雙角度側閥，透過從外部給予閥門的橫向運動（透過手動裝置或調節器任一裝置），如虛線所示，讓閥門比閥面更寬，以此改變截止範圍。

1455. H.傑克（H.Jack）的可變式膨脹齒輪，有一個偏心輪。專利編號 4167/85。

1456. 可變式截止閥，位於主滑件的背面，可以透過手動或調節器來旋轉滑件上的桿子，以改變截止閥的開口。

1457. 此設計形式是用來達成相同目標，但透過圓柱形截止閥來作用。

1458. 英格利希（English）的膨脹齒輪。兩個偏心輪。膨脹閥上沒有餘面，齒輪會給予兩個閥門恆速相對運動。

1459. 挺桿裝置，有時會用於水壓引擎等。

第 80 節 | 彈簧

1460. 開放式螺旋張力彈簧。

1461. 封閉式螺旋彈簧。

1462. 開放式螺旋壓縮彈簧。

1463. 開放式螺旋（方形螺紋）壓縮彈簧。

1464. 雙渦形座板彈簧。

1465. 紡錘形開放式或封閉式螺旋張力彈簧。

1466. 平行開放式或封閉式螺旋彈簧，且有圓錐端。

1467. 及 1468. 渦形彈簧。

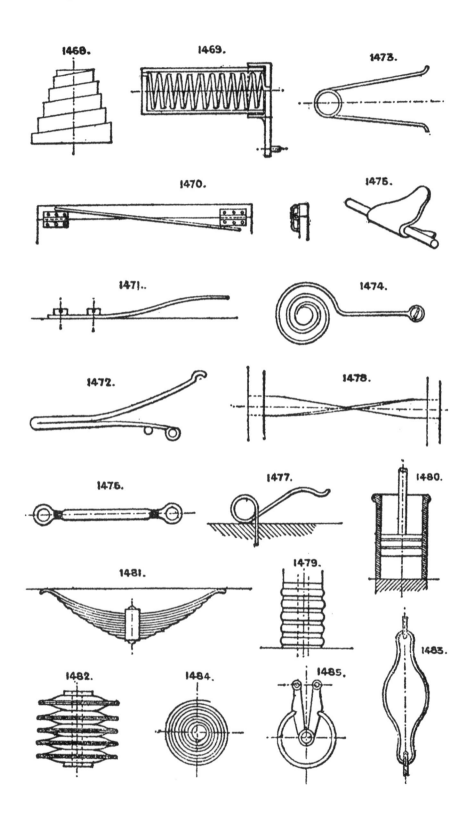

1468.

1469.

1473.

1470.

1475.

1471..

1474.

1472.

1478.

1476.

1477.

1480.

1481.

1479.

1482.

1484.

1485.

1483.

1469. 扭轉式螺旋彈簧。

1470. 金屬絲釘扭轉式螺旋彈簧，用於鉸鏈；金屬絲端會彎曲成直角，受驅動進入木材。

1471. 固定彈簧。

1472. 及**1473.** 扣式彈簧。

1474. 游絲形彈簧。

1475. 平板彈簧。

1476. 印度橡膠張力彈簧。

1477. 異形彈簧。

1478. 帶狀張力彈簧。

1479. 複合式橡膠圓形彈簧。

1480. 氣墊或彈簧活塞。

1481. 層板式平板貨車彈簧。

1482. 複合式碟狀圓盤彈簧（compound dished disc spring）或複合式曲板彈簧（compound bent plate spring）。

1483. 環形彈簧。

1484. 游絲形彈簧、時鐘彈簧或螺旋彈簧。

1485. 分叉型環形彈簧。

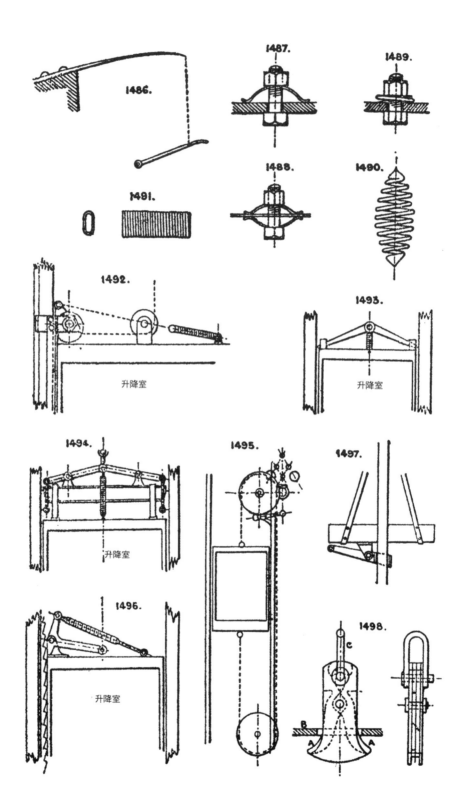

1486.

1487.

1489.

1488.

1490.

1491.

1492.

升降室

1493.

升降室

1494.

升降室

1495.

1497.

1496.

升降室

1498.

1486. 彈簧桿，用於底錘等裝置。

1487至1489. 彈簧墊片。

1490. 紡錘形壓縮彈簧。

1491. 游絲形彈簧，用於活塞環。

參考#1729、630、1501、1503、11、767、768，以及§35（彈性輪），以了解彈簧的其他形式和應用方式。若要平衡彈簧張力，見#1592和1602。

第81節 不同用途的安全裝置

● 適用於吊車升降室等

1492. 凸輪齒輪；運作方式是以繩索斷裂面上的鋸齒狀偏心凸輪表面，來抓住木製導軌，繩索斷裂時會釋放彈簧，彈簧嚙動凸輪。

1493. 支柱或棘爪齒輪，圖示即可說明此裝置。

1494. 雙楔形齒輪。

1495. 調節器齒輪。若升降室獲得過量速度，則其會使制動器或檔器開始作用，升降室上連接的繩索則會驅動調節器，在作用中的制動器或檔器上運作；此裝置用於奧特伍畢佛（Attwood Beaver）的專利、美利堅電梯公司（American Elevator Co.）等。

1496. 齒條和棘爪齒輪。

1497. 側握槓桿齒輪。

1498. 安全鉤，用來避免附加繞組發生意外；凸出的角A會擊打板B，然後將頂端的鉤環C拋出齒輪。

設計吊車門時，最適合的裝置，是僅能以鑰匙開啟的一般彈簧鎖，且門上應配有彈簧以關門。其他多種自動門、旋轉門等裝置也都曾被嘗試過。簡單且有效的保護裝置，是利用位於升降器頂部和底部滾輪上的連續鏤空擋板，將其裝在升降室頂部和底部，以該裝置執行抬升和下落，如此一來，除了剛好停止的升降室之外，其他電梯門會隨時受到遮蓋。

安全閥（見§89）。鍋爐可應用多種自動警告訊號，以此對低水位或超壓提出警告。

自動閥和其他裝置可應用於泵浦和蒸氣引擎上，以避免失控。見§41的備註。

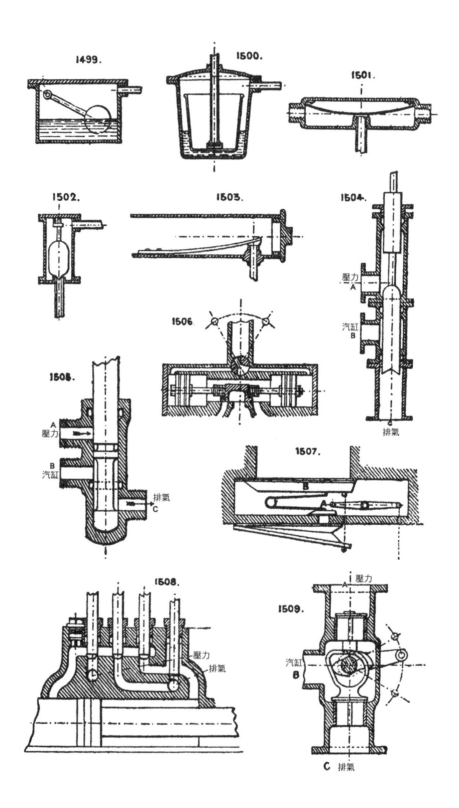

1499.

1500.

1501.

1502.

1503.

1504.
壓力
A
汽缸
B
排氣

1506.

1505.
A
壓力
B
汽缸
排氣
C

1507.
B
A

1508.
壓力
排氣

1509.
A 壓力
汽缸
B
C 排氣

184

1499. 透過球旋塞的改良裝置來使袪水器運作，該改良裝置能在箱子充滿冷凝水時抬升，然後開啟排水閥。

1500. 透過漂浮盆來達成相同目的。凝結水會進入漂浮盆外的箱子中，填滿箱子，然後將關閉排水口的漂浮盆抬起；若箱中已充滿水，而溢流至盆中並使之下沉，則出水閥將會開啟。

1501. 透過關閉閥門的彎曲彈簧來使袪水器運作，運作是利用活蒸氣會比其凝結水還熱的原理。

1502. 崔德戈德（Tredgold）的袪水器。透過簡單的浮標來開啟閥門。

1503. 威爾森（Wilson）的袪水器，與#1501相同，依據的運作原理亦為蒸氣和凝結水在不同的溫度下會有不同彈簧擴張。在此裝置中，彈簧是以鉚接在一起的鋼和黃銅盤所製成。

有許多依據與前述形式相似原理來運作的不同裝置。

第 83 節 啟動閥

用來啟動蒸氣和其他引擎的閥門，通常僅為一般以螺絲拴住或滑動類型的閥門。見§89。
若要啟動和控制其他所有類型的往復汽缸馬達（例如液壓升降缸以及各種用途的壓機），則常見裝置為具有兩個或三個埠口，以及一般三用或四用旋塞的一般滑閥。見§89。

1504. 洛克（Locke）的三用均壓閥，能保持所有位置的平衡。A是供氣口，B是汽缸分支，C是排氣口。

1505. 芬畢（Fenby）的三用平衡啟動閥。A是供氣口，B是汽缸分支，C是排氣口。

1506. 輔助閥和活塞，以啟動太重無法直接透過手動啟動的大型滑閥。圖上顯示的三用旋塞是輔助閥，但可用小滑閥或活塞閥來取代之。見§93的註腳，以及#1740和1741。

1507. 空氣用輔助閥和風箱，有時可用於大型風琴中，以開啟重型「調節瓣」。透過鍵盤相應鍵上的手指壓力來開啟小型閥 A，並讓氣壓能進入小型風箱，以使大型閥B開始運作。

1508. 四柱塞閥，適用於使用筒狀活塞的雙動能液壓升降汽缸。若要使用低動能，壓力水會在活塞兩側作用；若要使用雙動能，則僅會在活塞背面作用，且會開啟前側以進行排水。

1509. 這是一種起動閥，有兩個一般的側翼或心軸閥，兩者皆由軸上的雙凸輪或通過閥體側邊的填料函的滑臂提起。A是供氣口，B是汽缸口，C是排氣口。

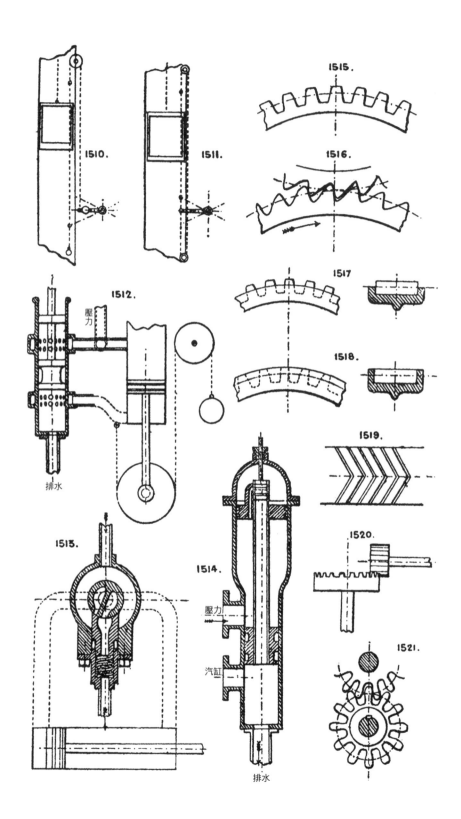

1515.

1510. 1511.

1516.

1512.

壓力

排水

1517.

1518.

1519.

1513.

1514.

壓力

汽缸

排水

1520.

1521.

1510. 及 **1511.** 操作液壓升降機啟動閥的兩種方式。#1510是透過配衡砝碼和單繩索來作用，每個砝碼的重量都足以移動閥門；而#1511則是透過循環繩索來運作。

1512. 低壓啟動閥，用於活塞液壓汽缸，其抬升功能是透過活塞桿的下衝程來執行，而下降功能則是透過閥門允許水從活塞上至下通過，在閥門位於圖上所示的位置時，活塞位於下衝程，因此水會從下方排出。

1513. 搖擺閥，有透過彈簧保持向上的活塞面。搖擺閥有兩個埠，透過填料函從相對端通過，以達汽缸的任一端；進入口位於頂部，排出口位於底部。

1514. 平衡式自作用啟動閥，適合大型機器和低壓使用。上方活塞較下方活塞或主活塞大。上方活塞上面的空間與下方壓力水連通，或透過由手動裝置操作的頂部小活塞閥與排水口連通；如此一來，便能透過在其上作用的壓力水來操控主活塞。

第84節　齒輪傳動

1515. 正齒輪傳動裝置。若要了解齒狀部分的組成，請見教科書。

1516. 最強力的正齒形式，用於僅單向進行的運動。

1517. 半周覆環正齒。

1518. 全周覆環正齒。

1519. 雙螺旋正齒，與直尺相比，增加15%的強韌度；運作時沒有背隙或噪音，可以是半周或全周覆環；運動平面上的齒狀部分與一般正齒（#1515）相同。

1520. 冠狀輪和小齒輪。

1521. 長齒正齒輪（long teeth spur wheel），又稱「星形」輪（"star" wheel）。用於滾輪輾壓機等，其中心會起起落落。

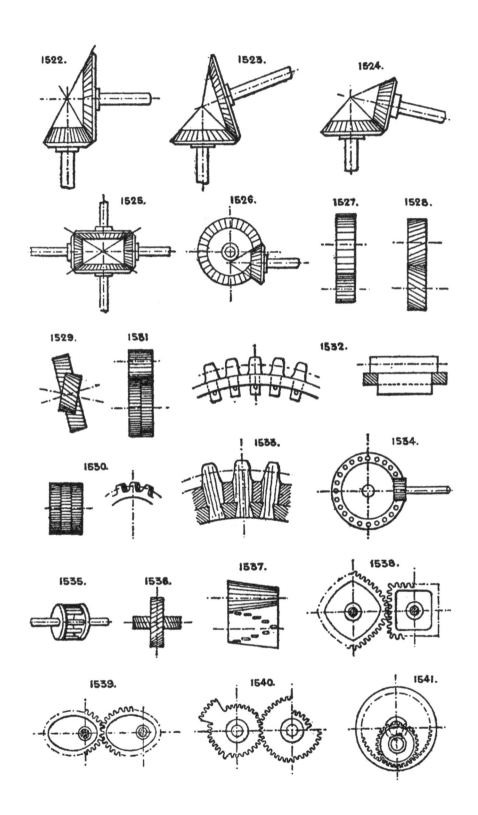

1522. 1523. 1524. 1525. 1526. 1527. 1528. 1529. 1531. 1532. 1530. 1533. 1534. 1535. 1536. 1537. 1538. 1539. 1540. 1541.

1522. 平斜面齒輪；軸是直角。

1523. 平斜面齒輪；軸是銳角。

1524. 平斜面齒輪；軸是鈍角。

1525. 平斜面齒輪；四軸皆是直角。

1526. 偏斜斜角；軸之間不為直線。

> 備註：若直徑相同，即稱為「正角斜齒輪」。

1527. 正齒輪和小齒輪；若要增加或降低動能和速度，則可以將直徑改變為幾乎任何比例。

1528. 「螺旋齒輪」；單螺旋齒輪。

1529. 偏斜正齒輪；軸不為平行。

1530. 虎克博士的齒輪。三個或更多有相同或不同節距的個別輪子固定在一起，以分隔節距並減少背隙（backlash）。

1531. 透過兩個輪子獲得相同結果，其中一個輪子固定於軸上，另一個不固定且透過彈簧強迫轉動，以依循小齒輪的節距，並消滅所有背隙。

1532. 榫眼輪齒。

1533. 榫眼輪齒，另一種方法。

> 備註：木齒通常比嚙合的鐵齒更厚三分之一倍。

1534. 針齒輪和小齒輪。

1535. 燈輪（lantern wheel）。

1536. 螺旋齒輪，用來代替斜面齒輪。軸呈直角；齒狀部分是45°角。

1537. 變速錐形齒輪。

1538. 變速方形齒輪。

1539. 變速扁圓形或橢圓形齒輪。

1540. 不規則齒輪。

1541. 內部或外擺線齒輪。見#550及1545。

用於差動滑車等。請注意，輪子和小齒輪都會朝同方向運作，因此與外齒輪（#1527）相比，單次運作時，將有更多齒狀部分會進入齒輪中。

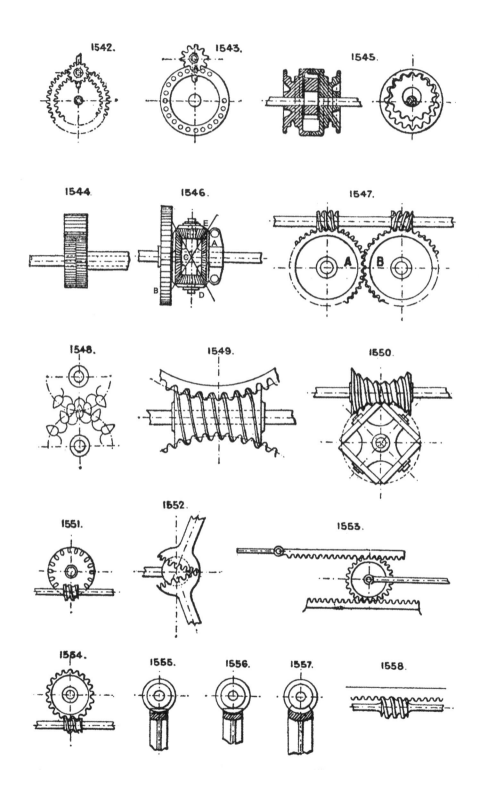

1542及1543. 各式各樣的「軋輥」齒輪。小齒輪會朝同一方向持續旋轉，以產生輪子的往復運動；小齒輪軸會透過抬升和落下至框架溝槽中，由輪內朝輪外運動，反之亦然。亦見#423。

1544. 差速齒輪，見§31。一個輪子比另一個輪子多一個或多個齒狀部分；用於計數器等。

1545. 摩爾的專利差速外擺線齒輪。小齒輪和輪子皆未固定於軸和偏心輪上。一個輪子比另一個輪子多一個或多個齒狀部分。

1546. 倍增斜面齒輪。A是固定輪，十字C則固定在軸上，B未固定於軸上，D和E未固定於C；而B受到大於軸且與齒輪直徑呈比例的速度驅動。

1547. 雙蝸輪，右側和左側螺紋。中和軸上的軸端推力。可將A和B嚙合在一起。

1548. 尖齒輪；適用於輕型作業和最低摩擦力。

1549. 彎形蝸輪，用於重型應變。多個齒狀部分會同時位於齒輪中，但很難截斷有變化區段和節距的螺紋。

1550. 霍金斯式（Hawkins）抗磨蝸輪。輪子有四個滾輪；若一對輪子幾乎脫離有螺紋的齒輪時，另一對便會接近齒輪。此螺紋也很難截斷。

1551. 冠狀蝸輪。

1552. 球窩斜方齒輪。

1553. 倍增齒條齒輪。上方移動齒條會受到比正齒輪桿速度快兩倍的速度驅動。下方齒條是固定式；適用於龍門刨床和印刷機。

1554至1557. 各式各樣的蝸輪，具有直齒、空心齒，以及彎形齒；後者最為強大。

1558. 蝸形和齒條齒輪。

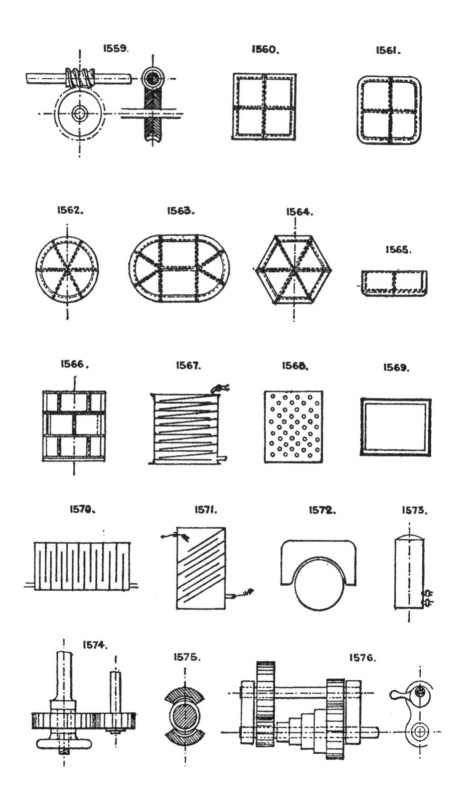

1559.

1560.

1561.

1562.

1563.

1564.

1565.

1566.

1567.

1568.

1569.

1570.

1571.

1572.

1573.

1574.

1575.

1576.

1559. 差速齒輪。蝸輪嚙合至兩個輪子中，其中一個輪子比另一個輪子多出一個齒狀部分。

亦見§40和31。

第85節 動力傳輸

a. 利用皮帶、鏈條或繩索，見§3、66。

b. 利用軸系，見§76。

c. 利用齒輪裝置，見§84與40。

d. 利用在管道內傳送的蒸氣或氣體（彈性流體）。

e. 利用在管道內傳送的水、甘油或機油（非彈性流體）。

f. 利用在導向裝置上運行的硬桿。

g. 利用在導輪上運行的金屬線或繩索——鋼索傳輸，見§66。

h. 利用沿著導體線傳送的電力。

第86節 水槽與水箱

1560. 普通形式的方形水槽平面圖。接頭由鑄鐵凸緣板和軋製鐵拉桿構型組成，可用鐵屑水泥製成或是用膠帶和紅鉛刨平接合。

1561. 圓角方形水槽平面圖。

1562. 圓形水槽。不需要拉桿。

1563. 橢圓形水槽。需要跨越兩平坦側的拉桿。

1564. 多邊形水槽。不需要拉桿。

1565. 方形或多邊形水槽的正視圖。

1566. 圓柱形或圓形水槽的正視圖。

1567. 和**1568.** 冷凝或冷卻水槽。裝設傾斜托盤或管路的表面冷凝器。

1569. 軋製鐵槽，一般的型材，由片狀和L形鐵鉚接而成。

1570. 和**1571.** 循環或沉積水槽。

1572. 鍋爐座水槽。

1573. 供貯蓄熱水之循環水槽。

可利用溢流管或槽口，或利用供水管上的球旋塞來維持水槽內的水位。玻璃水位計可以裝設在外面，以顯示裡面的水位；並使用浮子，連接在繩索和滑輪上，達到同樣的目的。另見#1730。

第87節 齒輪嚙合與脫開

1574. 驅動輪鬆置於軸上，藉手輪螺帽（見#945）或棘輪和棘爪鎖定。

1575. 藉由凸輪或槓桿運動，將兩個對開螺帽連同螺桿舉起而出入齒輪，見#942。

1576. 一軸在偏心軸承中運行，能夠旋轉而與另一軸脫開齒輪。

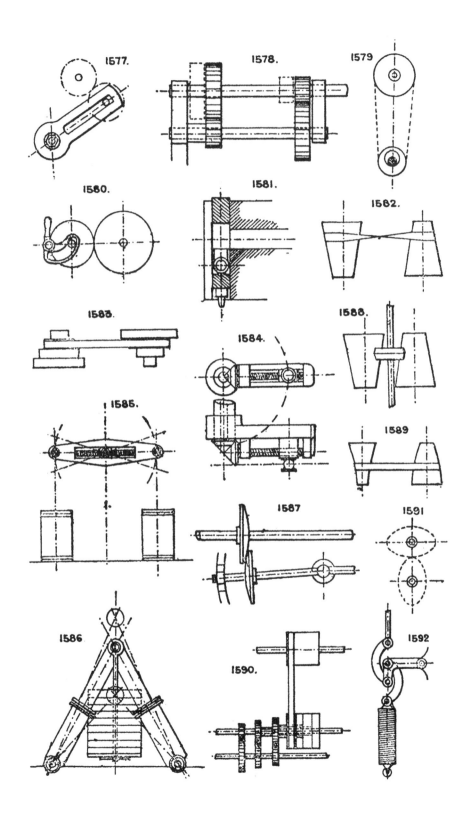

1577. 半徑桿和凹槽。柱齒輪可沿著凹槽切入或切出齒輪。

1578. 滑動後軸，滑出齒輪。參見虛線。

1579. 鬆弛皮帶使滑輪脫開齒輪的方法。利用凸輪軸承或滑向驅動軸的運動來完成。垂直方向的效果最好。另見#1219。

1580. 後軸的凸輪槽運動。作用是齒輪之嚙合或脫開。

1581. 用於衝床等的運動。利用凸輪和手槓桿來設定衝床的進出動作。

第88節 變速運動與動力

關於正齒輪的可變速度和動力，見§84和40。
關於斜齒輪的可變速度和動力，見§84。
關於凸輪齒輪的可變速度和動力，見§9。
關於皮帶齒輪的可變速度和動力，見§3。

1582. 變速皮帶錐體，用於交叉皮帶。錐體的角度不可超過15°。

1583. 階梯式錐形齒輪。

1584. 可變衝程曲柄銷。（見哈斯第〔Hastie〕的3561、1878號專利；諾維敦〔Knowelden〕和愛德華〔Edward〕的2996、1858號專利）。

1585. 橫樑運動。使用可變支點改變驅動和被驅動汽缸行程的比例長度。另見#1606。

1586. 可變蓄壓機。兩個汽缸由一條管道連通，壓力隨撞鎚之間的角度而變化。

1587. 萊特（Wright）的變速齒輪。齒輪的摩擦接觸半徑隨著齒輪靠近或分開而變化。

1588. 歐姆斯特（Olmsted）的可變錐形摩擦齒輪。中間雙錐惰輪代替皮帶。

1589. 用於開口皮帶的凸錐和凹錐。

1590. 三速齒輪，每對獨立的正齒輪由自己在獨立的套筒上的皮帶輪驅動。

1591. 不規則或橢圓齒輪。

1592. 可在整個運動過程中從彈簧獲得均勻張力的槓桿組合。

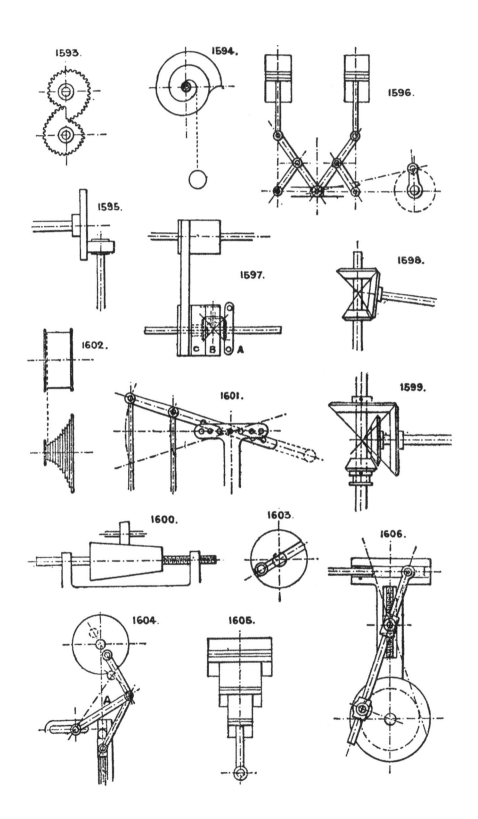

1593. 1594. 1596. 1595. 1598. 1597. 1602. 1601. 1599. 1600. 1603. 1606. 1604. 1605.

1593. 蝸形正齒輪。

1594. 蝸形齒輪，能夠從重物獲得可變拉力。

1595. 可變摩擦齒輪。小齒輪可以從圓盤的中心向外側上下移動而改變速度。

1596. 歐文（Owen）的複合槓桿可變壓力空氣泵。隨著活塞上升至其行程頂端而增加壓力並降低速度。

1597. 一條皮帶帶動兩速齒輪。鬆弛的滑輪B帶著一個橫向的斜方輪，與固定的斜方輪A囓合，當皮帶在滑輪B時，以滑輪B的兩倍速度帶動斜方輪C鎖入軸；將皮帶移至滑輪C時，速度則是1比1。第三個滑輪鬆弛以利空轉運行。

1598. 有三個輪和一個滑動軸的兩速斜齒輪。任何一對都可藉其囓合齒輪。

1599. 有四個輪和一個滑動軸的兩速斜齒輪。

1600. 增速錐體和螺桿、摩擦齒輪。錐體與小齒輪摩擦接觸而驅動。

1601. 可變支點槓桿。有移動銷並可調整孔位。

1602. 圓錐輪與圓桶。用於鐘錶中平衡彈簧對力矩的張力；也可用於提供可變速度。彈簧通常與#1484相似，並盤繞在圓桶上部。

1603. 可變衝程曲柄銷和凹槽。多用於與某種棘爪和棘輪齒輪結合的可變進給運動。

1604. 曲柄傳至活塞桿的可變行程，方法是改變連桿A與凹槽的連接點。

1605. 可變動力活塞，單一動作。

1606. 效果與#1601或1585相同，利用螺桿沿凹槽移動支點。

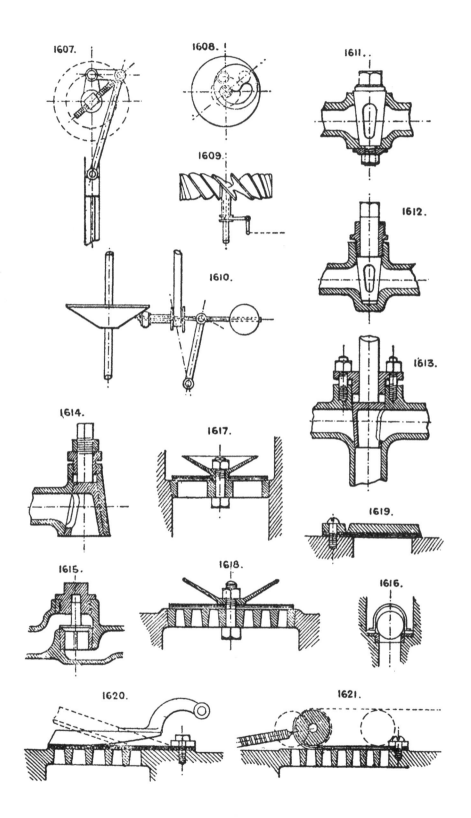

1607.

1608.

1611.

1609.

1612.

1610.

1613.

1614.

1617.

1619.

1615.

1618.

1616.

1620.

1621.

1607. 可變衝程曲柄銷。變化是利用一支連接的曲柄和徑向調整螺桿。

1608. 可變衝程曲柄銷，將曲柄銷連接到偏心盤上，見§10。

1609. 風力馬達：風扇或渦輪機，其可變角度葉片由中央套筒和凸輪或槓桿齒輪驅動。

1610. 可變摩擦錐形齒輪。可徑向來回移動小摩擦齒輪以改變槓桿，進而改變錐體的驅動半徑速度。

在蒸汽引擎、壓縮空氣引擎和燃氣引擎（這些都是彈性流體）中，發出的動力會隨著蒸氣、空氣或燃氣的供給量的改變而產生差異。藉由改變水車中供給水車的水量（或水位差）可以產生動力差異。改變水位差和葉片角度能夠產生渦輪機的動力差異，改變水量會降低速度和效率。渦輪機在水位差或水量變化較大時，運轉效果不好。

另見#736、722、723、1190、1191、381、382、384、385、377、372、373；以及§20和40。

由彈簧產生的可變壓力或張力，見§80。

可變平衡重物，§20。

第89節 閥與旋塞

在使用最多的種類的閥和旋塞中，以下選出的都不是針對特殊用途的類型，每一種類型均有其特定的價值，繪圖只是為了指出每一種類型的特殊功能，而不含細節，便於更動以配合每一種特殊的要求或應用。

1611. 常見的有栓旋塞。

1612. 與前項相同，但有螺桿壓蓋。

1613. 雙通或三通有栓旋塞，有包覆壓蓋。

1614. 中空有栓吹洩旋塞，有包覆壓蓋。

1615. 反壓或止回閥，自行關閉。

1616. 球閥與閥程限制片，自行關閉。

1617. 印度橡膠圓盤與格柵閥。

1618. 雙瓣印度橡膠或皮革和格柵閥。

1619. 簡易的瓣閥，表面是橡膠或皮革。

1620. 搖擺閥或滾動閥。用於承受壓力下慢慢輕鬆開啟和關閉。

1621. 捲起閥。用途與前述項相同。

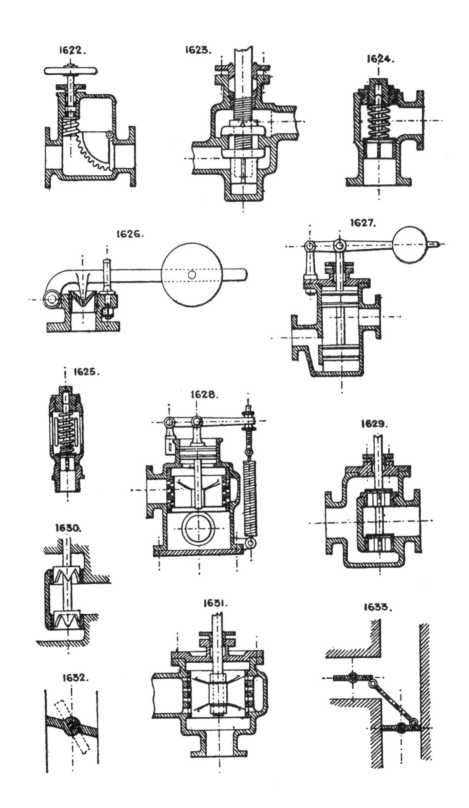

1622. 扇形全通螺桿閥，圖示是關閉；開啟時圓盤在腔室中向上脫離排水道。

1623. 兩面閥。主軸鎖入填料函頸部和下閥，上閥栓在主軸上；下閥的螺紋是上螺紋螺距的兩倍。

1624. 和**1625.** 彈簧釋放閥。彈簧調整到在任何規定的壓力下洩壓，壓力可用螺桿或螺帽（未在圖上繪出）來調節。

1626. 重型槓桿釋放閥或安全閥。

1627. 減壓閥。可利用平衡配重進行調整，使流體從高壓流向任意壓力。

1628. 另一種類型，有彈簧平衡調整器和平衡閥。

1629. 平衡閥。

1630. 平衡閥。非蒸氣氣密，而是鋸齒狀，慢慢截止，用於蒸汽引擎的調速器。

1631. 平衡式圓柱形格柵閥。可用於採垂直或旋轉運動的方式開啟和關閉。

1632. 常見的節流閥或蝶形閥。

1633. 三通管或氣道的雙向節流閥或擋板。

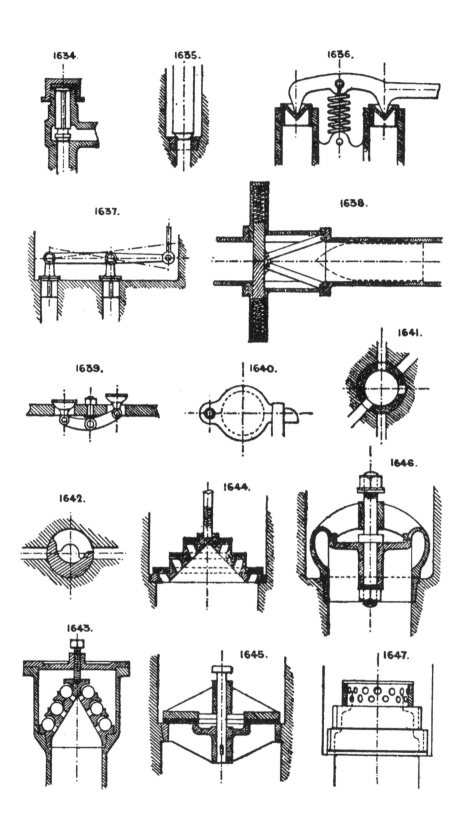

1634. 液壓高壓止回閥。有長導翼。

1635. 液壓柱塞閥或心軸閥及閥座。所有高壓用閥座都應窄而堅硬。

1636. 雙向或藍斯波頓（Ramsbottom）安全閥。每個閥都可做為一個支點，用以升高另一個閥。應連接一個支點至槓桿，後者在垂直導軌上移動，否則彈簧與槓桿的連接點應低於閥座的位準。

1637. 前述項之修改。

1638. 直通閥。用於氣動輸送管。

1639. 擺動桿雙向閥。

1640. 簡易的徑向盤閥或水閘。

1641. 和**1642.** 擺動式圓柱形閥。考利斯閥（Corliss valve）；有時製成錐形或圓錐形。

1643. 多球閥。用於大型泵送引擎的高升程輸送閥，球體材質是馬來橡膠（guttapercha），啟閉無陡震。

1644. 多環閥。透過環的連續啟閉來避免陡震。

1645. 雙層環閥。

1646. 雙層平衡閥或科尼氏閥（Cornish valve）。上閥座可做為部分或全部平衡閥的區域。

1647. 多環閥。印度橡膠環在孔上膨脹和收縮。

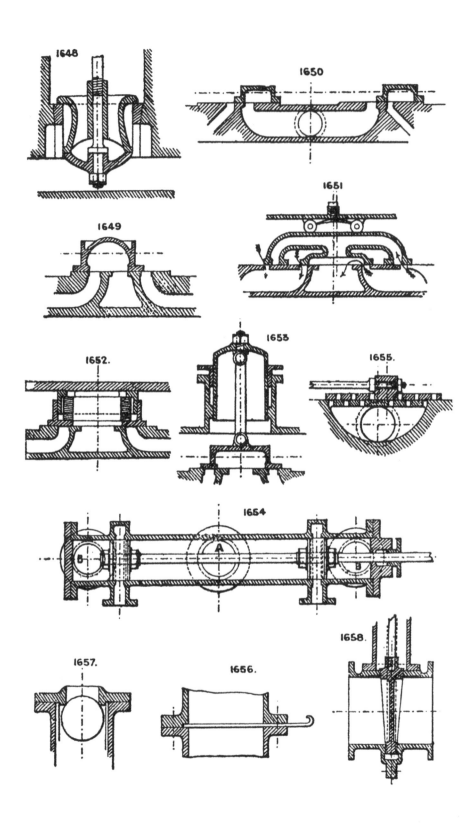

1648

1650

1649

1651

1652.

1653

1655.

1654

1657.

1656.

1658.

1648. 雙層閥。埋裝式閥座。

1649. 常見的D形滑閥，有三個接口。

1650. 雙層或雙D形滑閥。

1651. 另一種類型，部分處於平衡狀態。

1652. 平衡滑閥。背面有圓形包覆的圍壁，其面積足以平衡閥的正面區域。

1653. 使用活塞和連桿獲得類似的結果。

1654. 採用平衡活塞閥代替滑閥。A蒸汽管，B排氣管。

1655. 格狀滑閥。

1656. 常見的滑板閥或水閘。用於鼓風管。

1657. 浮動球閥。用於自動排出主水管中的空氣。

1658. 普通雙面水閘閥。升起清空水路。

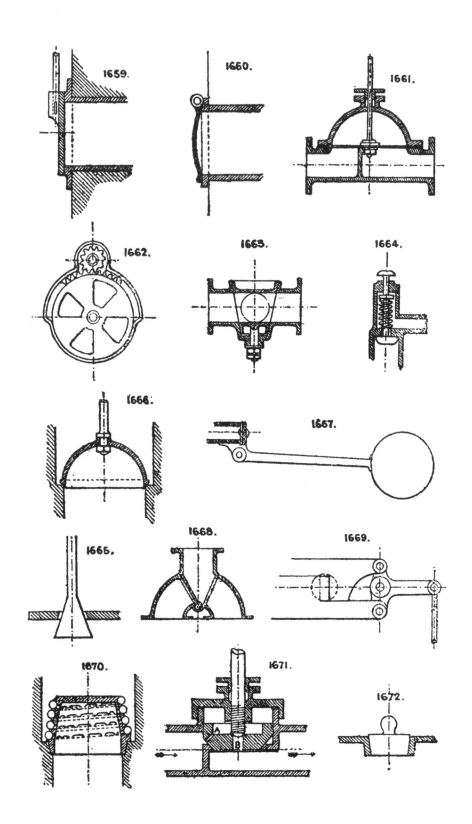

1659.

1660.

1661.

1662.

1663.

1664.

1666.

1667.

1665.

1668.

1669.

1670.

1671.

1672.

1659. 單面水閘閥，用於下水道汙水等之處理。

1660. 水閘瓣閥，潮汐出口閥。

1661. 隔膜閥。

1662. 擺動式圓盤閥，用於氣體。

1663. 大型三通或四通有栓旋塞。

1664. 手動閥，由彈簧關閉。

1665. 細尖錐形閥，用於慢慢關閉出口。

1666. 圓頂閥。用於熱鼓風、熱氣等。這種類型在受熱時能保持形狀、均勻膨脹。

1667. 常見的浮動球形砧。

1668. 三通氣閥。

1669. 雙層滑軌。用於同時關閉多個開口。

1670. 韋斯特（West）螺旋閥，有印度橡膠繩在螺旋形的穿孔槽上膨脹和收縮。

1671. 丹尼斯（Dennis）自升閥。通過小孔A將壓力施加於閥背面而使閥保持在閥座上；當主軸開啟大孔B時，背壓釋放，閥被其圓錐形底部的壓力抬起。

1672. 常見的圓錐塞。

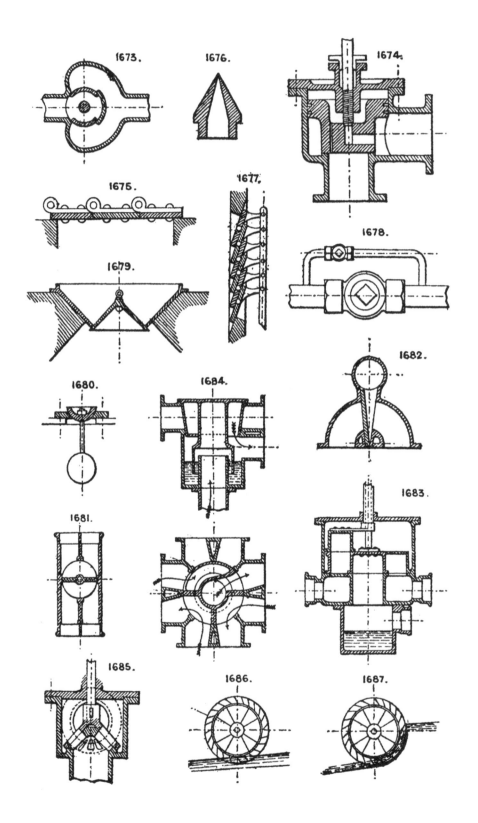

1673.

1676.

1674.

1675.

1677.

1678.

1679.

1682.

1680.

1684.

1681.

1683.

1685.

1686.

1687.

1673. 平衡塞或圓柱形閥。雙接口。

1674. 平另一種類型的自升閥。見#1671之說明。

1675. 平複合瓣閥。

1676. 平印度橡膠泵閥。

1677. 平威尼斯（Venetian）百葉窗或複合蝶形閥。

1678. 平旁通管的用途是在主閥關閉時允許小流量通過。也用於平衡大閥兩側的壓力，使其易於開啟。

1679. 平鐘與漏斗、或杯與圓錐，用於鼓風爐、煉焦爐和氣體產生器。

1680. 平杯形閥和懸錘。

1681. 熱水管等用的四通閥。

1682. 擺動閥。

1683. 氣體淨化器中樞閥。用於四個淨化器；一個淨化器關閉，三個開啟，或同時開啟全部四個淨化器。其設計平面圖與#1684類似，但另有一個頂閥，可讓氣體進入第四個淨化器；頂閥有獨立的套筒和槓桿運動。

1684. 氣體淨化器中樞閥。用於將氣體送入和排出四個淨化器中的任何一個、兩個或三個。箭頭顯示氣體的運動。

1685. 有徑向槽的圓錐形格柵閥。以旋轉運動開啟或關閉。

第 90 節 水車與渦輪機

1686. 簡易的下射水車。

1687. 胸射水車。

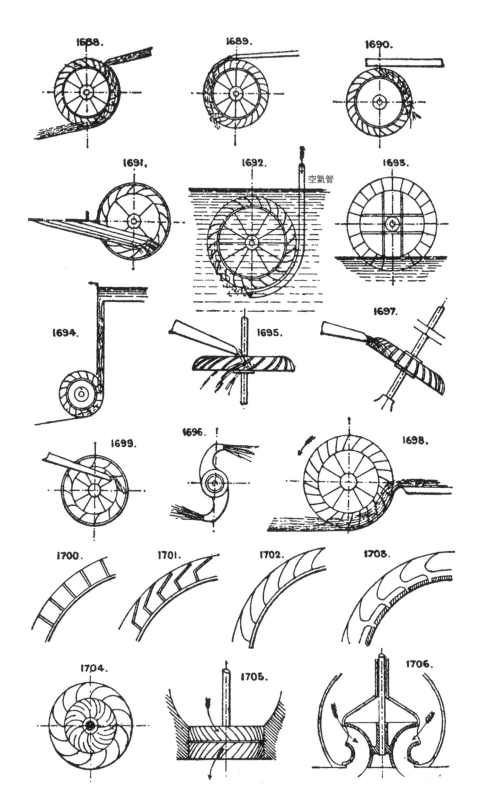

空氣管

1688. 高胸水車。

1689. 上射水車。

1690. 回程上射水車。

1691. 內給反作用水車。

1692. 沉降水車。由空氣驅動，可做為氣體或空氣的流量計。

1693. 水流水車，由潮汐或河流驅動。

1694. 顫動水車，落差高。

1695. 臥式水車。

1696. 反作用水車，最古老的渦輪機類型。

1697. 恩格爾（Engel）斜式水車。

1698. 用於揚水之汲水水車。另見#1024。

1699. 水車，有內斗和進給機構。

　　請注意，這些水車大多可以反向並做成揚水機，如#1698。

1700. 至**1703.** 各種類型的木製和鐵製水斗的截面圖。# 1703是一種通風水斗，水進入時可以排出空氣。

　　有關水車和渦輪機的調速，參見§41。

1704. 富爾內隆（Fourneyron）渦輪機。向外流動，外葉片固定，內葉片隨軸旋轉。

1705. 張維爾（Jonval）渦輪機。向下流動，上機組或下機組皆是固定。

1706. 史韋恩（Swain）渦輪機。向內和向下流動，有向內彎曲的葉片或引水槽。

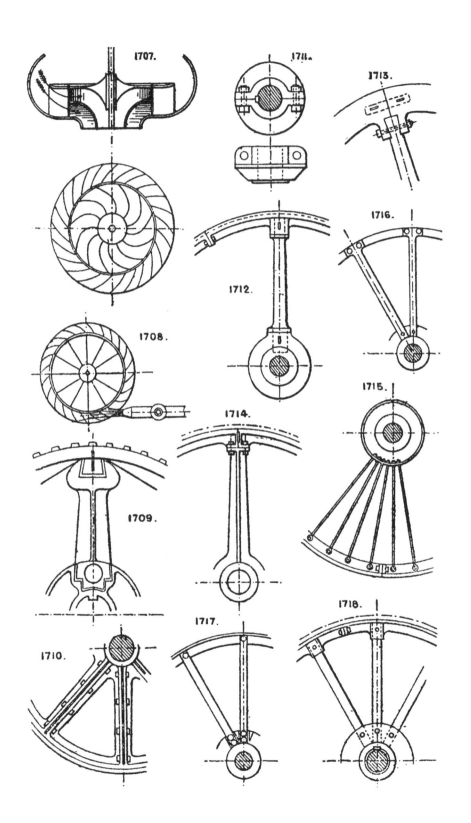

1707. 勒菲爾（Leffel）渦輪機。向內和向下流動，有一個固定葉片的外環和兩個旋轉的內機組，但流動角度不同。

1708. 高壓水用的下射噴水水車。

現存許多其他類型的渦輪機，但大多是上述類型的修改。最好的類型能夠改變葉片的角度和通道的面積，以配合不同的水量。

第91節 輪分段

1709. 輥軋機等的重型齒輪裝置。鳩尾形接頭，有楔子且有包覆。

1710. 輪以數個傘形鑄成，用螺栓固定在一起。

1711. 斜面輪分為兩半。

1712. 輪的分段輪緣用螺栓連接在一起，輪緣和輪轂的輪幅有鑽孔和開銷口的套管。

1713. 飛輪輪緣，有開銷口並榫卯接合。

1714. 輪幅和輪轂鑄成一體。輪緣分段，用螺栓固定在一起，與輪幅相連。

1715. 張力輪。束結輻絲有時排列成兩組，相互之間略有角度，以防止輪緣在沒有輪轂的情況下轉動。自行車輪即屬此類別。

1716. 軋製鐵輪，有鑄造輪轂。

1717. 軋製鐵輪，有鑄造輪轂。

1718. 輪緣分段，用螺栓連接在一起，木質輪幅和鑄造輪轂，用套管套入輪幅。此類型多用於水車。

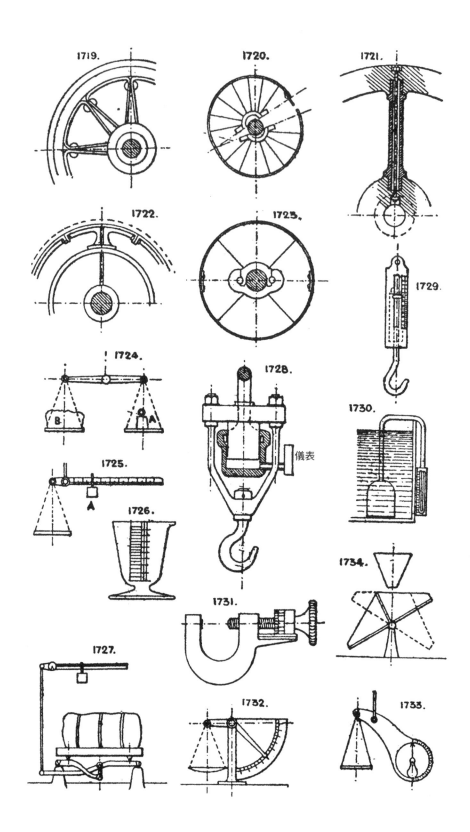

儀表

1719. 鐵道車輪。鑄鐵輪轂，鑄入軋製鐵輪幅。輪緣是由軋製的鐵或鋼鉚接而成。有很多方法能將輪胎固定至輪幅。

1720. 彈簧輪緣拼合皮帶輪。

1721. 分段式飛輪，用長的徑向螺栓將輪緣、輪幅和輪轂固定在一起。

1722. 大型中心輪轂，輪緣部分用螺栓固定。

1723. 輪分為兩半；輪轂由兩個做為開口銷的螺栓固定在一起。

第92節 秤重、測量、指示壓力等

1724. 用等臂槓秤重。A砝碼=B包裹。

1725. 用不等臂槓秤重。砝碼A恆定；上述的槓桿作用隨著沿槓桿刻度臂移動砝碼A而變動。

1726. 刻度量器。

1727. 不等臂的複合槓桿應用類似的原理。檯面由槓桿臂上的四個點支撐，而槓桿臂鬆散連接於中心；一支槓桿伸出並透過桿子與有滑動砝碼的刻度槓桿相連。所有槓桿作用秤重機的軸承均採用刀狀邊緣。見#968。這種結構是目前使用的大多數普通稱量機的基礎。

1728. 達克姆（Duckham）專利液壓秤重機。將要秤重的製品懸掛於吊鉤上，施加壓力於撞鎚。壓力表上指示液體（通常是機油或甘油）的相應壓力，刻度顯示的是重量。

1729. 彈簧平衡。

1730. 以連接到U水位計的氣鈴和管道，指示水箱中水深的設備。鐘形罩中的空氣壓力隨深度或其上方的水位差而變化，並顯示在水位計上。有一種以此修改的設計被用來測量海水深度。可透過在水或汞中的位移來確定物質的重量，或是以一個自由活塞支撐秤，並放置在確定的水或汞的區域上，水位計就會指示所產生的壓力。

1731. 測微規。

1732. 徑向臂秤重機。

1733. 小型秤重裝置。判定依據是度盤相對於位在自由樞軸上的垂直指針的角度。

1734. 自動測量或秤重裝置。物料裝入一個盛斗，直到失去平衡，此時落下並自行清空；然後物料裝入另一個盛斗，依此類推。

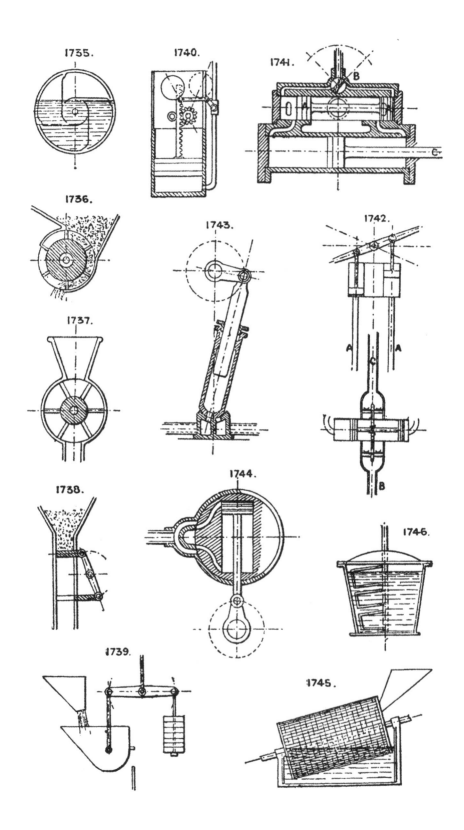

1735.

1740.

1741.

1736.

1743.

1742.

1737.

1738.

1744.

1746.

1739.

1745.

216

1735. 濕式氣體流量計。氣體從中心進入，艙室充氣時，從水中升起。氣體從殼體外接口排出。

1736. 測量輪。

1737. 測量輪。

1738. 雙滑動測量器。

1739. 自動傾倒秤。滿載時，秤為了使重量相等，會傾斜倒向一個固定的止動器；接著秤翻轉並返回其原位置，再重新裝填。

1740. 普通的活塞和汽缸。常用於測量液體，裝有一個換向閥，原理與#1026、1027和1741相同。另見§93附註。大多數的旋轉裝置（見§75）已被用做測量液體和氣體的流量計。見#1692。

　乾式氣體流量計通常採用一個膨脹式風箱，或輕質活塞，有一個自換向閥，類似於#1299和# 1026。另見§44。

第93節 水壓引擎

另見§56。
液壓撞鎚。見#1025。
水龍頭（robinet）。見#1026。
雙缸或三缸引擎。滑閥由蒸汽引擎中的偏心輪或汽缸的擺動來操作。滑閥無餘面或導程，除了供氣管上的空氣容器外，沒有其他緩衝。三缸引擎通常是使用撞鎚做單一動作。見#1743。

1741. 單缸引擎。這些引擎必須藉由供水壓力的操作，使滑閥或其他分配閥被活塞A反轉，這通常是由主活塞桿C反轉一個輔助閥B來完成的，此閥讓壓力水進入活塞 A、A，使主滑閥反轉。見#1506。見下面的附註。

1742. 地下泵送引擎的工作模式，由地面上的水缸，通過管道 A、A 與下面的水缸連接。B是吸取，C是輸送。

1743. 一、二或三缸水引擎。接口在缸體的分段底座，無餘面，由水缸擺動來開啟與關閉。

1744. 圓形擺動水缸。在一個靠自身擺動開啟和關閉其接口的殼體內。

　代替單缸水壓引擎的加重槓桿式閥齒輪，可安排引擎在行程中壓縮一個彈簧，行程結束時，釋放彈簧，由其膨脹使閥反轉。

第94節 清洗

1745. 圓柱形旋轉篩網清洗機，用於根部等。

1746. 桶和槳葉清洗機。

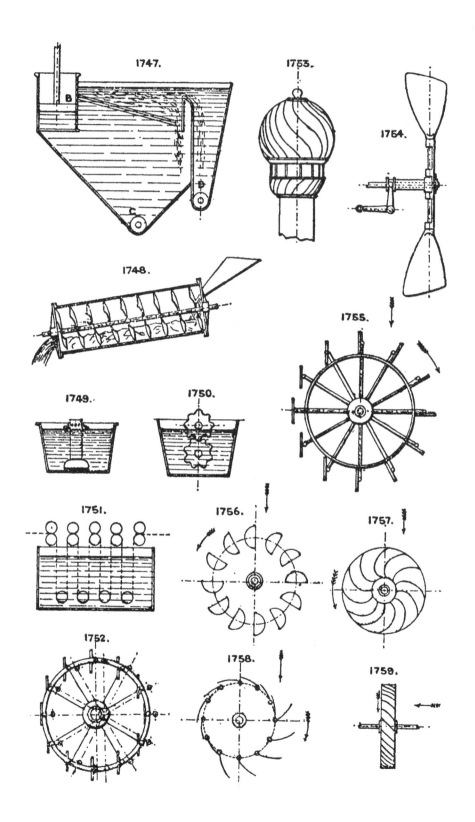

1747.

1753.

1754.

1748.

1755.

1749.

1750.

1751.

1756.

1757.

1752.

1758.

1759.

1747. 洗煤機。水利用汽缸和活塞B保持上下運動通過篩網A；泥漿沉到C，洗過的煤通過抵達D，兩者都由升降機或蝸桿持續清除。見§57。

洗礦常採用光面或有孔的斜篩，水流持通過礦石，礦石則一直運動。見#1266和477，另見#1262的圓柱形旋轉篩。

1748. 圓柱形有孔滾筒。內部有固定的螺旋凸緣，使物料以固定的運動速度行進。圓柱體可以像#1745在水槽中旋轉，也可以將水與物料一起導入，殼體是無孔的。

1749. 在沸騰的桶或銅器中保持連續循環的裝置，在其中清洗衣物等。熱水沿著錫管從底部上升，並在表面排出。

1750. 波形滾輪清洗裝置。用於織物。

1751. 水槽和浸漬帶。用於清洗布匹、羊毛、紙張等。

家用洗衣機除了普通的桶和台車外，還包括有波形表面的洗衣板；動作類似攪拌的搖動和旋轉箱。有時也使用刷子。

第95節 風車和活葉輪

1752. 可調葉片明輪。每個浮子後面都有一個支架和銷釘，由連桿連到共同的偏心輪（固定的），軸通過偏心輪旋轉。

1753. 螺旋葉片或機罩。煙囪頂部用。利用風做為原動力，驅動煙囪罩內的垂直蝸桿而保持向上通風。

1754. 風車帆。使用軸上的滑動裝置進行角度調整。

1755. 水平旋轉風車。每個浮子在中心稍外側外鉸合於臂上，當浮子旋轉時，風的壓力（見箭頭）就會使浮子轉動到草圖中的位置。

1756. 空心半球形杯狀風車或馬達。

1757. 風力馬達。有弧形葉片。最後兩個沿著箭頭的方向旋轉，因為風在杯體和葉片的中空面上比在凸面上有更強的附著力。

1758. 自轉風輪。

1759. 螺旋風輪。

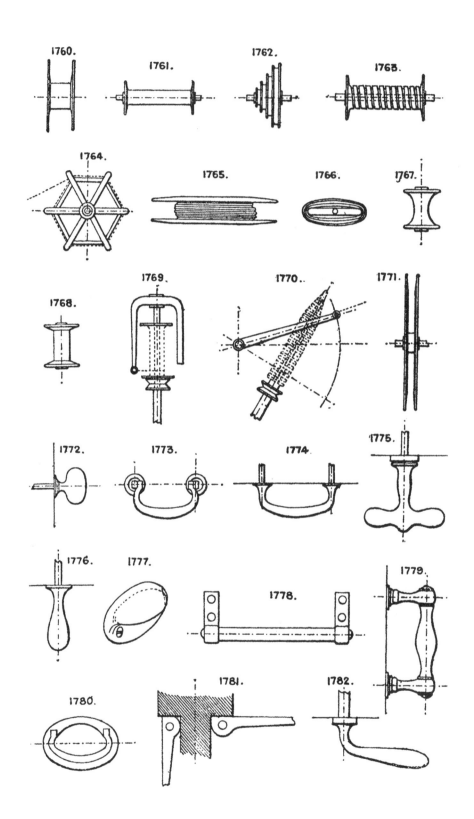

1760.

1761.

1762.

1763.

1764.

1765.

1766.

1767.

1768.

1769.

1770.

1771.

1772.

1773.

1774.

1775.

1776.

1777.

1778.

1779.

1780.

1781.

1782.

第96節 捲揚設備

1760. 圓桶或滾筒。用於電線等。

1761. 捲桶。用於起重機、絞車等。

1762. 圓錐輪與圓桶。見#1602。

1763. 開槽桶。用於鏈條。防止鏈條在盤繞時重疊。

1764. 六角框繞線機。用於紗線等。

1765. 線軸。

1766. 繞線紙板。

1767. 和**1768.** 捲線軸。各行業使用的樣式非常多。

1769. 用於棉捲線軸和其他機器的設備。

捲線軸靜止，錠殼旋轉，線從其中心向上，沿一臂通過眼向下，眼上下進給運動，將線均勻地捲繞在上面。

1770. 將線送入主軸的模式，擺動臂和銷釘而均勻捲繞通過其上的線。

1771. 滾筒。用於捲繞在自身上的扁索或鏈條。

用於捲繞引擎和絞車，見#1222至1226。

另見§66索具。

第97節 各種用途的把手等

1772. 旋鈕把手。

1773. 環形把手。鉸鏈式。

1774. 環形把手。固定式。

1775. T形把手。

1776. 光面把手。

1777. 窗拉柄或抽屜把手。

1778. 手把。

1779. 旋轉門把手。

1780. 埋裝或平整環形把手。

1781. 鉸鏈式升降桿。

1782. 曲柄，用於徑向運動。

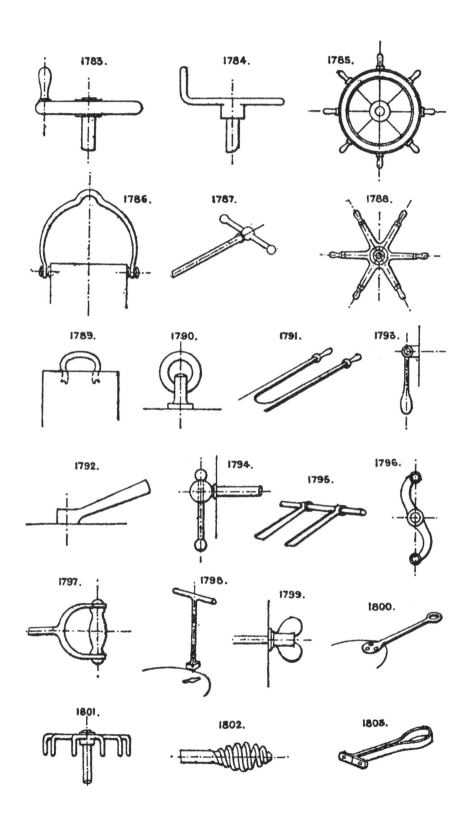

1782. 曲柄，用於徑向運動。

1783. 手輪。

1784. 曲柄T形把手。

1785. 絞盤輪。

1786. 弓形把手或提柄，用於勺子、水斗等。

1787. T形桿把手，要使用雙手。

1788. 十字形手槓桿，四臂、六臂或八臂。

1789. 環形把手，有時鑄造成鑄件。

1790. 環圈把手。

1791. 雙桿推動把手。

1792. 彎曲把手，用於徑向運動。

1793. 加重把手。

1794. 副把手，有滑動槓桿棒。

1795. 手把，有泵等用之叉形槓桿連接件。

1796. S形槓桿雙曲柄把手。

1797. 攪拌把手。

1798. T形提柄或鑰匙，用於開啟平開門或人孔蓋。

1799. 蝶形螺釘頭。

1800. 直柄，有吊眼。

1801. 絞盤輪，用於螺旋齒輪。

1802. 通風扭轉把手。

1803. 和**1804.** 環形把手。

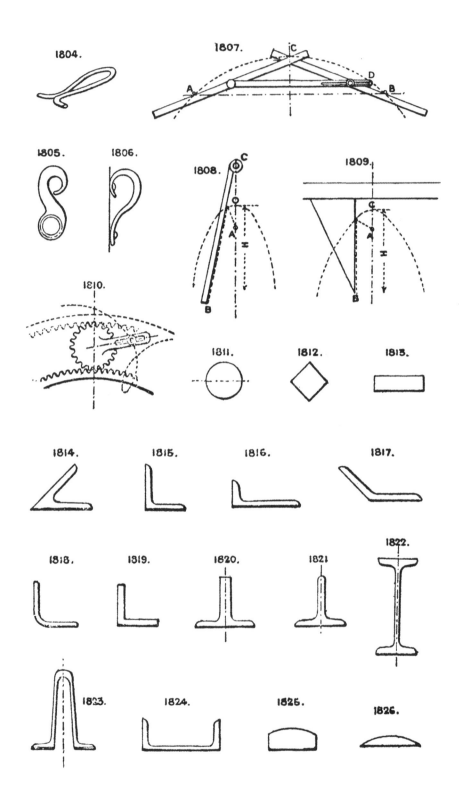

1804.

1805. 1806.

1807.

1808.

1809.

1810.

1811.

1812.

1813.

1814. 1815. 1816. 1817.

1818. 1819. 1820. 1821. 1822.

1823. 1824. 1825. 1826.

1805. 彈簧鎖槓桿把手。

1806. 「咖啡壺」把手。

　　另見§48。

第 98 節　繪製曲線的設備

見§40 齒輪裝置；§34 橢圓規。

1807. 圓弧規。用於繪製弧線，給定弦和正弦。將銷釘固定在A和B處，兩根木條緊固於C處，握住鉛筆於D處，木條倚著銷釘移動劃圓。另見§11。

1808. 雙曲線儀。高度和焦點與#1809所述相同，線固定在B處，焦點是A；臂樞軸在C處，使用之鉛筆與#1809所述相同。

1809. 物線儀。給定物線高度H和焦點A。將一條線緊固在B處的三角板的一端，伸展到C處，另一端固定在焦點A處的銷栓上，用環扣夾住鉛筆，當鉛筆向左或向右移動時，保持倚著三角板的邊緣，即可繪製物線。

1810. 擺線儀。繪製下擺線或上擺線。據此進行修改，用於繪製輪齒的曲線。

　　五角形儀。用於縮小或放大輪廓圖，#1924。

　　螺旋規，利用一個中央固定斜面輪來繪製規則的螺旋，此斜面輪帶動徑向斜面輪螺桿和劃線筆，#1925。

　　一個簡單的螺旋規。有徑向螺桿和滾輪螺帽，當此設備在其中心銷釘上旋轉時，沿著螺桿行進，#1926。

第 99 節　結構中使用的材料

以下摘要僅涉及機械或機械結構所需的材料，目的在提供製造的材料或原材料的具體尺寸、提出所製造的區段，和可用於任何考慮中的設計的尺寸限制。軋製鐵和鋼筋的製造方法如下：

1811. 圓形。直徑從0.48到19.68公分（$\frac{3}{16}$ 到 $7\frac{3}{4}$ 英吋），最長約5.49公尺（18英呎）。

1812. 方塊。從0.48到15.24公分（$\frac{3}{16}$ 到6英吋）的方塊，最長約5.49公尺（18英呎）。

1813. 扁鋼，從1.27到35.56公分（$\frac{1}{2}$ 到14英吋）寬，最長約5.49公尺（18英呎）。

1814、1815、1816、1817、1818. 和

1819. 是L形鐵段，尺寸從1.91×1.91到35.56×9.53公分（$\frac{3}{4}\times\frac{3}{4}$ 到14×3$\frac{3}{4}$ 英吋）都有，或到長寬和31.75公分（$12\frac{1}{2}$ 綜合尺寸。編按：長＋寬＝綜合尺寸United Inch，簡稱U.I.），有對等或不對等的凸緣，最長約9.14公尺（30英呎）；但銳角、鈍角和圓角段通常不儲備。

1820. 和**1821.** T形鐵，長度從2.54×2.54公分（1×1英吋）到長寬和30.48公分（12

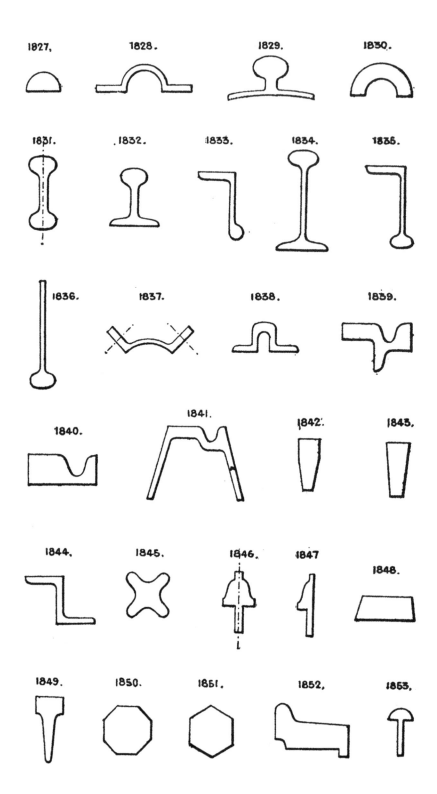

綜合尺寸），或是22.86×10.16公分（9×4英吋），最長約9.14公尺（30英呎）。

1822. 軋製的樑鐵。深度從7.62到50.8公分（3到20英吋）×凸緣25.4公分（10英吋），長度可達約10.97公尺（36英呎），有數百段。

1823. 縱樑。深度7.62到20.32公分（3到8英吋），長度可達約7.32公尺（24英呎）。

1824. 槽鐵。寬度從1.91到30.48公分（$\frac{3}{4}$ 到12英吋），長度達約7.62公尺（25英呎）。

1825. 凸形鐵。寬度從2.54到30.48公分（1到12英吋），長度達7.62公尺（25英呎）。

1826. 上模箱鐵。寬度從2.54到10.16公分（1到4英吋），長度達約6.1公尺（20英呎）。

1827. 半圓鐵。寬度從1.27到10.16公分（$\frac{1}{2}$ 到4英吋），長度達6.1公尺（20英呎）。

1828. 漏斗環鐵。寬度從8.89×0.48公分（$3\frac{1}{2}$×$\frac{3}{16}$ 英吋）到20.32×1.43公分（8×$\frac{9}{16}$ 英吋），最長約5.49公尺（18英呎）。

1829. 撐桿鐵。

1830. 中空上模箱鐵。

1831、1832.和1838. 鐵軌型材（見§73）。通常以約5.49至9.14公尺（18至30英呎）的長度製作，許多型材每碼（91.44公分）是約9.98至38.1公斤（22磅至84磅）。

1833. 球頭L形鐵。

1834. 甲板樑或球頭T形鐵。最大40.64×15.24公分（16×6英吋）。

1835. 球頭L形鐵。最大25.4×10.16公分（10×4英吋）。

1836. 球頭鐵。寬達33.02公分（13英吋）。

1837. 椿鐵。

1839、1840.和1841. 齊平的電車軌道。長約5.49至9.14公尺（18至30英呎）。

1842、1843和1849. 爐條鐵。

1844. 雙L形鐵。有1.27×2.54×1.27到12.7×12.7×1.27公分（$\frac{1}{2}$×1×$\frac{1}{2}$ 到5×5×$\frac{1}{2}$ 英吋）。

1845. 十字鐵。

1846、1847.和1853. 窗框條鐵。已製造數百種特殊型材。

1848. 斜邊鐵。

1850. 八角形條鐵。

1851. 六角形條鐵。

1852. 輪胎拉桿。已製成多種型材，見#1719附註。

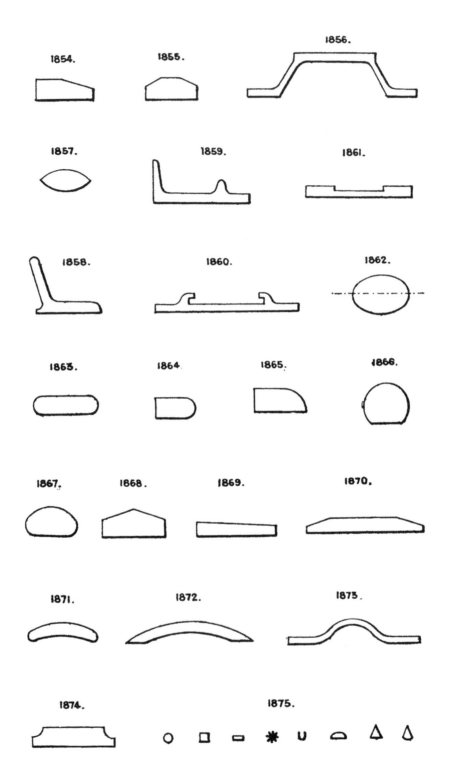

1854.   1855.   1856.

1857.   1859.   1861.

1858.   1860.   1862.

1863.   1864.   1865.   1866.

1867.   1868.   1869.   1870.

1871.   1872.   1873.

1874.   1875.

1855. 斜面扁鐵。

1856. 流槽鐵。用於橋面鋪設、防火地板等。

1857. 雙凸形鐵。

1858. 和**1859.** 電車牌鐵。

1860. 和**1861.** 椅子或睡床鐵。

1862. 橢圓鐵。

1863、**1864.** 和**1865.** 圓邊扁鐵。

1866. 段圓鐵。

1867. 圓邊凸形鐵

1868. 斜面扁鐵。

1869. 斜邊扁鐵。

1870. 斜面扁鐵。

1871. 圓邊空心凸形鐵。

1872. 錐形邊空心／凸形鐵。

1873. 鍋爐管膨脹環鐵。

1874. 模壓扁條。

除上述外，鐵製裝飾模壓件是模壓和浮雕裝飾件軋製成條形，1.59至6.99公分（$\frac{5}{8}$ 至 $2\frac{3}{4}$ 英吋）寬，最長約4.88或5.49公尺（16或18英呎）。也有型材類似細木工用的光面模件。

板材（鐵和鋼）由0.32到1.91公分厚（$\frac{1}{8}$ 到 $\frac{3}{4}$ 英吋）的普通板製成。較厚的板材可各訂軋製至50.8公分（20英吋）。

普通板的儲備尺寸是1.22×0.61公尺到4.27×1.37公尺（4×2英呎到14×4呎6吋）。

帶材，寬從17.78到55.88公分（7到22英吋），最長約9.14公尺（30英呎）。

網紋板。有菱形、卵形或方形凹陷圖案，製成1.82×0.61至2.44×1.1公尺（6×2英呎至8×3呎6吋）。

光面片。厚度從10號w.g.（線規）到36號w.g.，以及從1.82×0.61到3.05×1.22公尺（6×2到10×4英呎）。

波形片。光面或鍍鋅，從16號到26號w.g.，以及從1.82×0.61到2.74×0.61公尺（6×2到9×2英呎）。

鍍錫片。同上。

冷軋片。同上。

輾平片。同上。

鍍鉛片。同上。

錫板、鍍鉛錫板，規格（公分）有35.56×50.8、43.18×31.75、38.1×27.94、35.56×25.4、60.96×50.8、71.12×25.4、71.12×50.8（即14×20、17×1212 、15×11、14×10、24×20、28×10、28×20英吋）。

環箍，寬從1.59到17.78公分（$\frac{5}{8}$ 到7英吋），從8號到24號w.g.。

1875. 線材。用硬鐵、軟鐵、軟鋼、硬鋼、回火鋼、鋼琴線、包覆線（用棉、絲、馬來橡膠、亞麻等纏繞）或銅線製造的型材。也有黃銅、銅、鉛、鋅等硬或軟金屬線；鍍錫鐵線、鍍鋅鐵線、鍍錫黃銅線、鍍銅鐵線、鍍鉛鐵線。

管道（見§57）和軋製鐵管。對頭或搭疊焊接，或拉製，有四種品質或強度：1.煤氣管；2.蒸氣或水管；3.鍋爐煙氣管；4.液壓管。這些都製成內徑0.64到7.62公分（$\frac{1}{4}$到3英吋）；鍋爐煙氣管直徑到22.86公分（9英吋），更大的尺寸要訂製。

拉製鋼管製造最大到直徑25.4公分（10英吋）；更大的尺寸要訂製。

特殊鋼管或軋製鐵管。有L形鐵凸緣，有焊接接頭，最大直徑10.16公分（4英吋），焊接鋼或軋製鐵座與插口管，最大直徑60.96公分（24英吋）。

鑄鐵管有以下強度：雨水管、熱水管、煤氣總管、水總管、高壓液壓總管，金屬厚度根據壓力不同而不同。直徑從約0.46到1.22公尺（$1\frac{1}{2}$到4英呎），長度通常是約1.83和2.74公尺（6和9英呎）。見§57。

鑄件是根據強度、韌性或硬度要求，用不同混合物的鑄鐵製成，有各種重量，最重達20.32公噸（20英噸）。冷硬鑄鐵件用於硬性磨損，如壓碎軋輥等，但不能進行機械加工；通常用磨石或砂輪磨平滑。

鋼鑄件是用貝塞麥（Bessemer）、西門子-馬丁（Siemens-Martin）、托馬斯-吉爾克里斯特（Thomas-Gilchrist）或坩堝鋼製造的，後者最可靠。這些都需要退火（anneal）以使其充分軟化而利於機械加工，且幾乎都是「吹製而成」或呈蜂窩形，很少有一致或兩次相同的圖案或鑄造。

軋製鐵鑄件。也可取得米提斯（Mitis）金屬等，但可鍛鑄鐵鑄件的韌性最值得信賴，其製程現已達到非常完美的程度，但不適用於很厚的鑄件。

現在可以用低廉的價格購得簡單型式的鋼鍛件上的烙鐵。

軋製鐵和鋼之鍛件現在幾乎可以製成任何尺寸、形狀和重量，並正在取代許多以前由鑄鐵製成或已建造的結構。

其他使用到的金屬有銅、黃銅、錫、鋅、磷青銅、鉛、銻、鉍、錫、孟滋合金（Muntz metal）、鋁、鈉、鉀、鉑、金、銀、鎳以及種類繁多的青銅器。這些寶貴的化合物在韌度和硬度上有許多差異，從最硬的鋼到軟銅。上述大部分產品都被製造成線、板、管、棒等，此外還可以坩堝鑄造成任何形狀。銅可以鍛造，但不能焊接；銅的接頭一般採用硬焊或軟焊。

其他用到的材料包括：

木材。黃松、白松和紅松的原木、板材和板條；原木，直徑最大約0.91公尺（3英呎），長約10.67至12.19公尺（35至40英呎）；板材，22.86、25.4、27.94公分寬（9、10和11英吋），厚度從3.81到10.16公分（$1\frac{1}{2}$ 到4英吋）有一些寬的板材是進口的，寬度可達55.88公分（22英吋）。雲杉和杉木、梧桐、梨樹、柳樹、楊樹等。下表提出木料及其應用的清單：

●英國常用木料說明表

用於建築

造船——雪松、樅樹、榆樹、杉木、落葉松、刺槐、橡樹等。

樁、地基等濕式工程——赤楊木、欅樹、榆樹、橡樹、梧桐、白雪松。

房屋木工——樅樹、橡樹、松木、甜栗木。

用於機械和工廠工作

框架等——梣樹、欅樹、樺木、樅樹、榆樹、桃花心木、橡樹、松木。

鍋爐等——黃楊木、鐵梨木、桃花心木。

輪齒等——山楂子樹、角樹、刺槐。

鑄造圖樣——赤楊木、樅樹、桃花心木、松木。

用於車削細工

常見的玩具用木料（最軟）——赤楊木、欅樹（小）、樺木（小）、黃花柳、柳樹。

坦布里奇（Tunbridge）器皿用的最佳木料——冬青、馬栗、梧桐（白色木材）；蘋果樹、梨樹、李樹（棕色木材）。

最堅硬的英國木材——欅樹（大）、黃楊木、榆樹、橡樹、胡桃木。

用於家具

常見的家具和內部木工——欅樹、樺木、雪松、櫻桃樹、樅樹、松木。

最好的家具——花梨木、黑烏木、櫻桃樹、科羅曼德桃花心木（Coromandel. Mahogany）、楓木、橡樹（各種）、玫瑰木、緞木、檀木、甜栗木、甜雪松、鬱金香木、胡桃木、斑馬木。

外國硬木，其中有幾種僅用於裝飾車削細工。

1.花梨木	19.桃花心木
2.木麻黃	20.楓木
3.墨水樹	21.桑樹
4.黑烏木	22.橄欖樹及根
5.黃楊木	23.糖棕
6.巴西木	24.鸕鶿木
7.巴西蘇木	24.秘魯乳香樹
8.子彈木	26.王子木
9.非洲紫檀	27.紫木
10.可可木	28.紫檀
11.科羅曼德木	29.羅塞塔（Rosetta）
12.綠烏木	30.玫瑰木
13.綠心木	31.檀木
14.百香果樹	32.緞木
15.鐵木	33.蛇木
16.黃檀	34.鬱金香木
17.鐵梨木	35.絲蘭木
18.刺槐	36.斑馬木

3、8、16、33和34經常稀缺。

3、5、8、9、10 一般是近似的、硬的、均勻的著色，比較適合偏心車削，但也可採用其他木料。

4、5、10、12、14、17、18、19、30、32整體上量多，被廣泛使用。這些木料都可用於光面車削。

●雜項屬性

彈性——梣樹、榛樹、山核桃樹、檜木、甜栗木（小）、蛇木、紫杉。

無彈性和韌性——櫸樹、榆樹、鐵梨木、橡樹、胡桃木。

紋理均勻，適合雕刻——椴樹、梨樹、松木。

乾燥成品的耐久性——雪松、橡樹、楊樹、甜栗木、黃檀木。

著色劑（紅色染料）——巴西木、巴西蘇木、非洲紫檀、尼加拉瓜原木、紫檀、蘇木。

著色劑（綠色染料）——綠烏木。

著色劑（黃色染料）——黃木、桑特醋栗。

氣味——樟木、雪松、玫瑰木、檀木、緞木、橡樹。

印度橡膠，製成片狀，可選擇是否配置單層、雙層或三層厚度的帆布內襯，寬至91.44公分（36英吋），厚至1.27公分（$\frac{1}{2}$英吋）；繩索直徑0.32至2.54公分（$\frac{1}{8}$至1英吋）；管狀、光面，或配置帆布內襯或內或外部鐵絲纏繞，內徑0.64至10.16公分（$\frac{1}{4}$至4英吋），通常長度約9.14到18.29公尺（30和60英呎）。墊圈、油封環、滾輪、帶材、皮帶和各種型式的模製品。

馬來橡膠，製成類似的製品。

皮革，大多數種類是用牛、羊、山羊、鹿、馬、狗、豬、海豹的皮製成的，大的皮分為臀部、肩部、頰部和腹部，尺寸當然取決於動物的大小。

在一般用途中，牛皮最大，羔羊皮最小。在機械用途方面，主要使用牛皮，生的或鞣製的，用於閥、座椅、皮帶，活塞皮革等。綿羊皮可以做成拉緊、半拉緊或未拉緊；第一項堅硬且相對較剛強，最後一項柔軟且柔韌如布。其他柔軟的種類是山羊皮和麂皮。皮革的仿製品很多，但很少被用在機械結構中。

硫化纖維常做為類似皮革的用途，如閥、座椅、接頭等。製成中等硬度和高硬度兩個種類，片材厚度最大達2.54公分（1英吋）。

硬橡膠，一種堅硬的黑色角質物質，可模製成任何需要的形狀。

混凝紙漿，固體紙，由紙漿模製成任何所需形狀。

石棉，做成片狀、繩狀、各種型材包覆、鬆散纖維、研磨板等。

象牙，含獠牙和牙齒等。

骨頭。

植物象牙；雞蛋大小的堅果。

壓蓋等的包覆，是由棉、麻和其他纖維、石棉、印度橡膠等製成，有圓形、方形和其他型材。

第 100 節 加熱設備

以一般用途而言，這包括鎔爐、爐灶、烤爐、烤箱、鍋爐（見§6）、熱鼓風、蒸氣加熱容器、煤氣噴射器等，其中大部分皆已眾所周知且普遍使用。

以與機械相關的特殊用途而言，需要各種不同的加熱裝置，其中蒸氣和煤氣最廣為使用。蒸氣管或蒸氣盤管可穿過機器的任何固定或可動的零件。蒸氣加熱的表面，例如桌子、平底鍋、艙室等、蒸氣夾套缸體和類似的機械裝置，都被廣泛運用。穿孔管可配合任何位置的要求做成所需形狀，從中噴出煤氣，與取自蒸氣相比，更方便獲得乾熱和更高溫度。

有時會使用熱鐵，配合模穴成型，然而理當要定期更換。

管道或夾套中的熱水，以及煙道中的熱空氣是常見的取暖和乾燥的設備；對於前者，必須給予循環通路，而對於後者，則要強制排風，或安排煙道一端向上傾斜，以保持循環。

1876. 導流板管道。用於蒸氣或熱水的差頻熱輻射。

1877. 導流板爐灶。根據類似的原理，擴大的表面與空氣接觸，產生熱輻射。

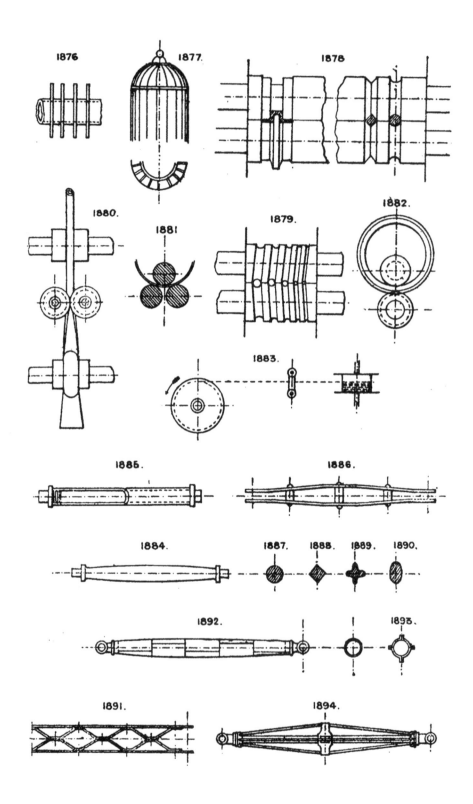

第 101 節 拉抽和輥軋金屬等

1878. 鐵棒的輥軋，配合所需的型材開槽，通常每個軋輥有一半的槽，槽的大小和形狀從方形毛坯到成品棒材依序向下劃出刻度。

1879. 用於生產錐形棒材的開槽軋輥。

1880. 用於從平坦的帶材上翻起和焊接管子的滾輪。

1881. 彎曲滾輪。

1882. 用於實心輪胎的軋輥，無焊接。

1883. 拉線設備。

用於拉線的夾具等，見#505、518。拉製台使用合適的鋼模拉出各種型材的板坯；一把夾鉗夾住板坯的末端，通過鋼模強行拉出板坯（使用潤滑劑），然後拉直。這種工作不適合採用輥軋。

用於棉花和其他纖維的拉線架有兩對、三對或更多的滾輪；下滾輪縱向開槽，上滾輪加重並以皮革覆蓋，下滾輪連結在一起，以等比速度驅動，因此在通過時，材料伸展於每對滾輪之間，目的是平行延伸和鋪設使所有纖維。

有關拉製鉛管，見#1183。陶管是用類似的製程製作的。

第 102 節 拉壓構材

1884. 普通實心膨脹支撐桿。有軸環，用於壓縮應變。

1885. 類似的抗壓構件。但由管子組成，末端鎖入軸環。

1886. 雙扁條弧面抗壓構件。由支撐片和螺栓加固。

1887.、**1888.**、**1889.**和**1890.**前述種類的型材。

1891. 支張式抗壓構件。通常邊緣有扁條，在交叉處鉚接在一起。

1892. 管狀膨脹抗壓構件。由鐵板製成，用於桅桿、人字起重架、吊臂等。

1893. 由分段條組成的抗壓構件。

1894. 桁架式抗壓構件。桁架呈90°，但可以是任何角度；中央條當然承受實際推力，而桁架桿則防止其彎曲或屈曲。另見#295到300、320。

拉桿，僅用於拉伸應變，通常是圓鐵、扁鐵或其他簡單的型材、管子，甚至是鏈條、繩索或鐵絲。

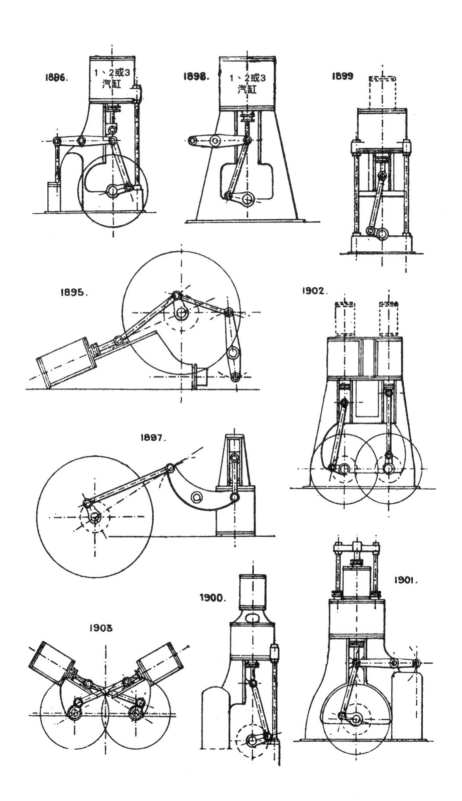

1896. 1、2或3汽缸

1898. 1、2或3汽缸

1899.

1895.

1902.

1897.

1900.

1901.

1903.

§32中介紹許多種類。以下是現代的類型：

1895. 斜置槳葉引擎。用於輕載吃水的船隻。當然可以是雙缸或三缸，高壓或複合型。

1896. 最受歡迎的立式頂置汽缸螺桿引擎之一，有半支柱和支撐桿，一缸、雙缸或三缸，簡易或複合型。冷凝器通常在後支柱內，泵在後面。簡單易用是其主要優點。

1897. 帶柄輪、側桿式引擎。實務上不常需要。臥式引擎的普通結構通常能裝入船舺明輪驅動裝置。見#675至579等。

1898. 雙支柱立式頂置汽缸螺桿引擎。這種類型的引擎通常用於較重等級的船舶，並經常為三段膨脹而製造。結構非常堅實，但工作零件的操作、裝卸沒有#1896那麼方便。冷凝器和泵在一側，內置於支柱內，引擎搬運要從對面側或高架平台著手。

1899. 頂置汽缸和支撐桿類型。是小型引擎使用的最輕、最簡單的型式。每一個零件都很容易看到和操作，汽缸蓋重量也降到了最低。

1900. 是#1896的一種，有串列汽缸和兩個曲柄，可進行三段膨脹。

1901. 也是#1898的一種，有串列汽缸，可進行三段膨脹。此平面圖中，使用與下汽缸相連的兩根活塞桿，擺脫中間填料函，下汽缸通過十字頭與上汽缸或高壓汽缸的活塞桿相連。

1902. 複合頂置支柱引擎。用於雙螺桿。

1903. 斜置雙螺桿引擎。

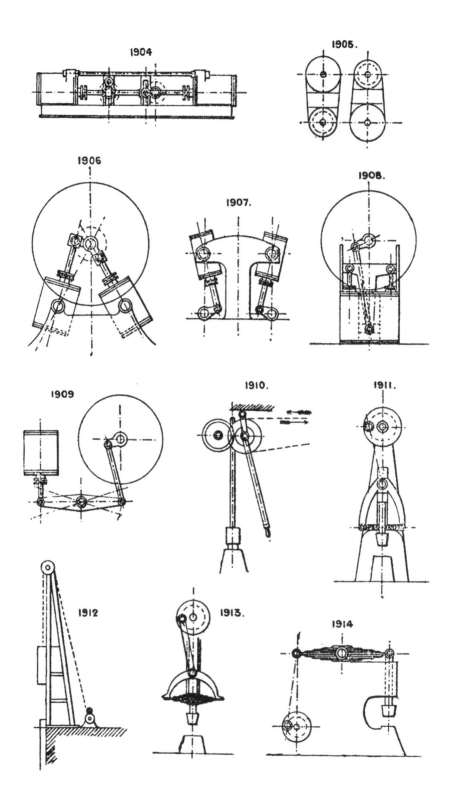

1904

1905.

1906

1907.

1908.

1909

1910.

1911.

1912

1913.

1914

1904. 臥式雙螺桿引擎。

1905. #1902引擎通常採用的汽缸平面圖。

1906. 擺動式槳葉引擎，有時製成與汽缸呈90°，單曲柄，如#564。

1907. 頂置擺動式雙螺桿引擎。

1908. 環形汽缸槳葉引擎。

1909. 頂置汽缸側桿槳葉引擎。

　　除以上幾種外，偶爾也採用一些特殊類型，如威蘭（Willan）的螺桿引擎三缸平面圖所示。見#592，還有#693的種類，高速類型。

第 104 節 敲擊和鎚擊：衝擊

用於這些用途的一般設備包括配合工作的各種錘子和各種形狀的鐵砧或木塊，以及木棰（mallet）和木槌（rammer）。蒸氣錘（steam hammer）是幾乎無可避免要使用到的機器，已是眾所周知而不需要圖示說明，此設備按照單一標準或雙重標準製造，雖然在細節上有些不同，但實作上無論在哪裡製造都是一樣的機器。以下是特殊情況下使用的設備，並不是那麼為人所知。

1910. 落錘。目的是獲得動力。定滑輪由手槓桿置於齒輪上，升起錘子和軸：有時用簡單的繩索和滑輪進行手動操作。

1911. 無彈力安裝錘。月牙形的十字頭桿從曲柄銷處正向運動，但強有力的水平彈簧將錘頭連接在上面，因此水平線上下有一些小的遊隙。

1912. 打樁引擎和落槌頭。後者一般用手動或動力絞車舉升，但曾有採用增速傳動齒輪蒸氣或液壓缸。

1913. 另一種型式的無彈力安裝錘，但採用直積層板彈簧，錘頭固定在其上。

1914. 另一種類型的彈簧動力錘。

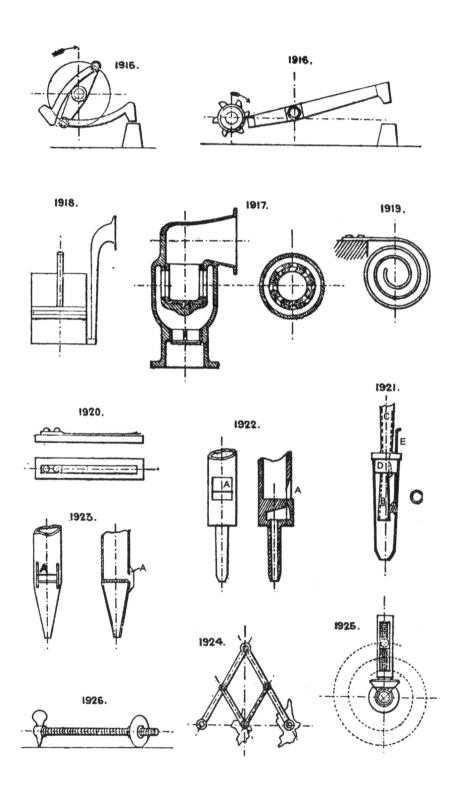

1915.

1916.

1918.

1917.

1919.

1920.

1921.

1922.

1923.

1924.

1925.

1926.

1915. 旋轉式離心快速擊錘。

1916. 舊式輪錘。許多地方仍在使用，特別是利用水力的地方。

關於衝壓件等，見#250和271。

除上述產品外，還有唐野（Tangye）公司的氣錘、氣動錘和各種可變行程的動力錘。見#1606。

第 105 節　聲音

產生聲音的器械幾乎不在機械工程師的技術領域內，但近年來，已有一些器械結合機械工具而產生聲音，例如製造霧中信號、笛音和其他型式的聲音信號。樂聲的產生來自管樂器、絃樂器或簧樂器的空氣振動。管樂器的振動源自嘴唇，再透過管子的形狀和長度加以修改。弦樂器不外是弓形的，如小提琴；敲擊的，如鋼琴；或是指彈的，如豎琴。簧樂器是彈簧結構，因氣流產生振動。簧風琴和六角手風琴類樂器的簧管上，沒有加上管子或管道來修改所產生的聲音；但管風琴簧管有再加上管道，可大幅提高聲量與音質。其他特殊的發聲樂器在此以圖示說明。

1917. 汽笛，或汽輪哨笛。是目前已知聲音最響亮的器械，由一個開槽的圓筒，在固定的筒內旋轉；槽是有角度的（見平面圖），因此蒸氣的衝力使內部鬆置的滾筒快速旋轉，聲音由喇叭狀的覆罩導出。有時也用一對開槽的圓盤代替開槽的滾筒，可獲得同樣的效果。

1918. 機械霧笛。常用普通的風箱來供給鼓風。

1919. 鐵鑼。用消音錘敲擊。

1920. 簧風琴，或稱活簧。簧舌覆蓋在一個大小形狀相同的槽上，可以向槽內外振動，但不接觸其邊緣；音色或音調的重心取決於簧舌的大小和厚度。

1921. 管風琴簧管。此樂器之簧舌A搖動接觸簧管B，在其上打擊，簧管B是管狀，底部封閉，頂部開口進入管道C，管道C從管塊D向上延伸；E是調節舌片振動或自由長度的調音線。

1922.和1923. 木製和金屬風琴管，實際上是個大哨子，管內氣柱的振動是由此管樂器敲擊唇片A邊緣產生的。

蒸氣哨是下面有環形縫隙的鈴鐺，蒸氣從縫隙冒出，敲擊鈴鐺的下緣。

現在，其他的形式是由一個有兩個唇片的改良型管子，發出更強樂聲的聲音，在某些情況下，雙音符，通常是一個大三度的音程，如 C—E。

各種形狀的敲鐘被廣泛使用。

鑼是乳酪形狀的金屬空心懸吊器皿，用消音錘敲擊。

也有用玻璃片或冷硬鐵、玻璃鐘、大玻璃杯等發出樂聲，還有用共鳴磁鐵塊發聲的。

1924.、1925.、1926.見§98。

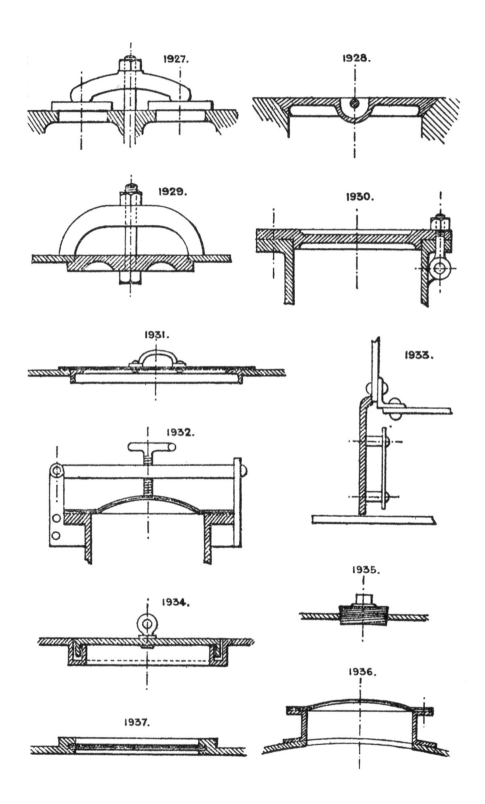

第106節 門、人孔和蓋子

1927. 應用一個十字頭和螺栓來關閉兩個蓋子，如在泵的閥箱中。

1928. 圓錐座蓋。有手動升降橫桿和凹槽。

1929. 十字頭和人孔或泥孔。常用於鍋爐等。

1930. 鑄鐵人孔和擋塊。一般用T形頭螺栓，也可用環首螺栓，如#937內文說明。

1931. 軋製鐵板蓋，或水槽的蓋子。

1932. 軋製鐵碟形蓋。有鉸鏈橫桿和T形螺桿，主要用於氣甑（gas retort）。

1933. 爐門。鉸鏈式，有內板保護爐門不受熱。

1934. 有水封的人孔門，或是有密封凹槽，以防止氣體、氣味等回流。

1935. 螺旋塞式手孔。

1936. 軋製鐵鍋爐人孔蓋，和擋塊。一種特殊的製造工藝。

1937. 拉門的類型。可刨平底座使之氣密。

關於大眾熟知的鉸鏈門是，其鉸鏈之細節，見§60；關於緊固件，見§49鎖緊裝置。另見#931、937、940、962。

第二部分

對第 1 至 106 節的增補

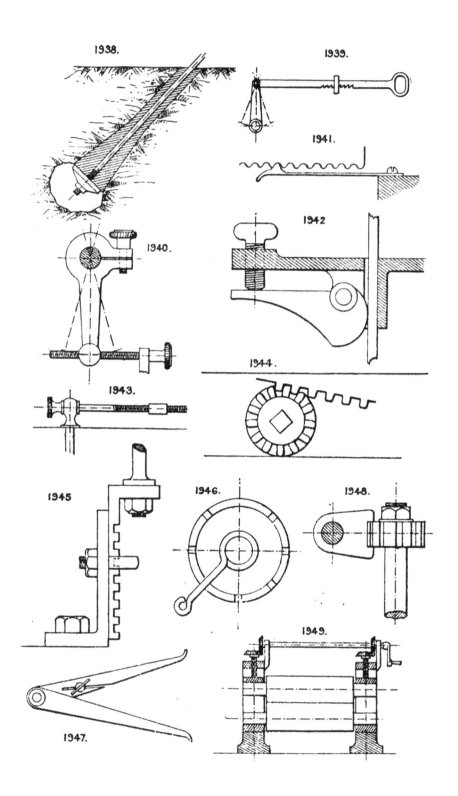

1938.

1939.

1941.

1940.

1942

1944.

1943.

1945

1946.

1948.

1947.

1949.

第 1 節 錨定 （另見第10頁。）

1938. 吊橋鏈條或牽索的岩錨。

海錨。在水面上呈現大面積的任何浮體（浸入水中），如船桅和船帆、數量龐大的散裝貨物或木筏。

混凝土錨。混凝土塊做為錨，置於水下或埋裝於地下。

移動式機器在機器的腳或底板上安裝活動配重來錨定，也可以將釘樁打入機器周圍的地面。

第 2 節 調整裝置 （另見第10頁。）

1938. 吊橋鏈條或牽索的岩錨。

1939. 棘輪桿。用於調整和鎖定槓桿在任何所要位置。

1940. 槓桿或曲柄臂的測微（micrometer）螺絲調整器。可使用夾持輪轂和螺絲將槓桿或曲柄臂鎖定在其軸上，也可隨意釋放。

1941. 彈簧棘爪調整器。有足夠的夾力來對抗中等的壓力，但可以增加壓力來移動。

1942. 凸輪槓桿夾具的測微調整器。

1943. 測微螺絲。使用扭轉運動。

1944. 楔子和小齒輪調整器。用於對印刷機的印版加壓打字。

1945. 可調整的齒條。用於做任何固定，以鎖扣螺栓確保穩固。

1946. 螺旋扭轉彈簧的調節器，用於調節其張力。

1947. 用推拔螺釘進行微調的卡尺。轉入分柄上的攻孔，讓推拔螺釘彈簧打開夾縫，張大卡尺柄的開口。

1948. 調整棘爪和調整頭。用於調整扭力彈簧的張力或壓縮力，扭力彈簧固定在主軸上。

1949. 滾輪的螺絲調整器。用於保持平行度。

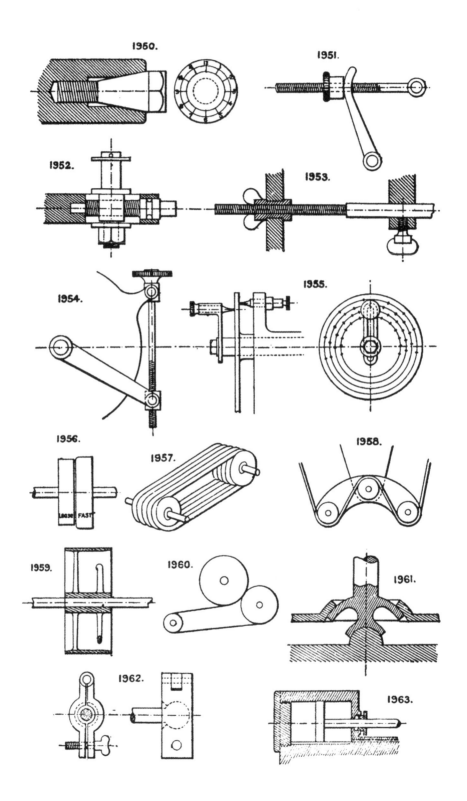

1950.

1951.

1952.

1953.

1954.

1955.

1956.

1957.

1958.

1959.

1960.

1961.

1962.

1963.

1950. 擴孔器、鉸刀或菊花鑽頭擴張的調整器。有測微刻度。

1951. 槓桿的螺絲調整器。

1952. 可調整的中心銷。一顆螺絲穿越，調整後用螺帽和墊圈固定。

1953. 細牙螺絲調整器。用於任何可動零件。

1954. 細牙螺絲調整器。用於徑向臂。

1955. 分度盤。在其相對的面上有差動分度。

皮帶、帶子等，使用相應系列的孔和飾帶、螺絲或鉚釘來定其位置。

第3節 皮帶傳動裝置 （另見第12頁。）

1956. 定輪和游輪。定輪的直徑比游輪大，可使皮帶在空轉時能鬆弛運行。

1957. 圓形橡膠帶齒輪。

1958. 繃緊皮帶的裝置。兩個導輪在固定於搖桿的螺柱上運轉，皮帶的拉力將此搖桿搖到皮帶鬆弛容許的程度，從而使皮帶保持緊繃。

1959. 寬皮帶輪。鑄有兩組準心（如截面圖所示）。

1960. 兩個滑輪的皮帶驅動裝置。

V形皮帶，用在V形槽滑輪上運行。見#1243。

鏈帶，由皮革鏈節組成，用鋼絲中心連接成寬斜鏈狀（如#196）。

芯帶，由馬來橡膠、印度橡膠、皮革、生皮或腸線組成。

生皮經常用於製作皮帶，質地比皮革更強韌、更堅硬且更不透氣。

第4節 球窩接頭 （另見第12頁。）

1961. 擺動式固定裝置。有球形和杯狀接頭。

1962. 球形接頭。用於需要在不同位置鬆開或穩固的任何擺動式固定裝置。

第5節 煞車和減速裝置 （另見第14頁。）

1963. 蒸氣引擎緩衝筒。一種用於閥運動的蒸氣緩衝裝置。汽缸在壓力下隨時充滿蒸氣，並設有一個小的旁通槽，當受到

噴力或推力時，可讓蒸氣通過活塞。見#1480。

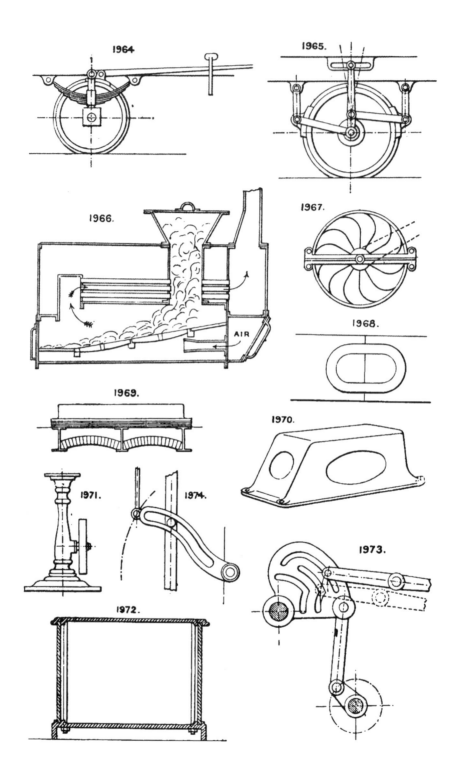

1964

1965.

1966.

1967.

1968.

1969.

1970.

1971.

1974.

1973.

1972.

AIR

1964. 鐵路車輛制動器。支點在車軸彈簧上，使負載的車輛透過槓桿給予施加的壓力。

1965. 雙車輛制動器。夾持輪緣，不對車軸產生截面應變或側應變。

刷式制動器。有時使用硬毛刷或鋼絲刷做為旋轉滑輪的制動器。

第6節 鍋爐類型 （另見第16頁。）

1966. 鍋爐。有爐子，用於焚燒城鎮垃圾。梅爾德魯姆兄弟（MeldrumBros）專利，裝有強制通風爐。

第7節 鼓風和排氣 （另見第20頁。）

1967. 螺旋槳，或風力渦輪機類型，非離心式。空氣被驅動平行於風扇的軸線。

第8節 機座、基礎結構以及機器框架 （另見第22頁。）

1968. 車輪、底板和框架的分段的套環緊固件。一個軋製鐵環套在鑄造在框架等的鄰接件上的兩個凸耳上。

1969. 防火地板上的燃氣引擎的基座。中間有幾層皮帶，可降低振動和噪音。

1970. 箱式底板。有時用作水槽、儲氣罐、表面冷凝器等。

1971. 照明機器的標準型支架。

1972. 箱式底板、框架或基座。使用溝槽和片件以及長螺栓或鉚釘連接平面鑄件而成。

柱子、扶手和機器框架的其他零件。做為空氣容器、排水管，並用於工作桿封裝和機器美化。

第9節 凸輪、挺桿和刮水器齒輪 （另見第24頁。）

1973. 凸輪板和槓桿。有搖擺運動，槽可以塑形而使槓桿兩端產生任何間歇性或可變的運動。

1974. 來自往復桿的凸輪槓桿運動。

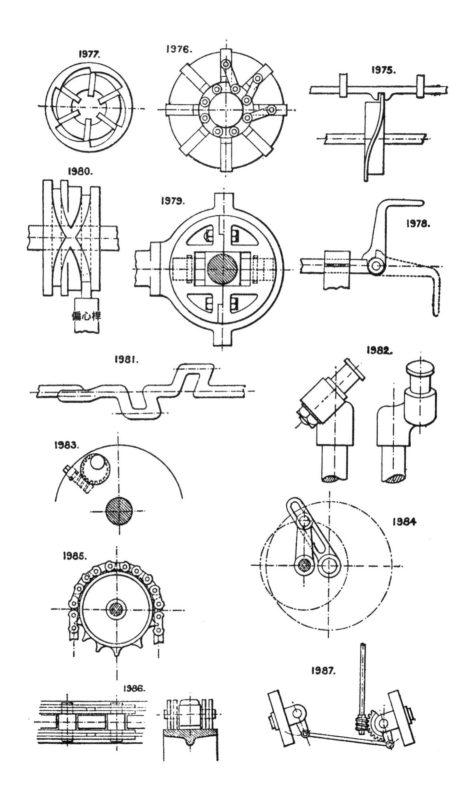

1977.

1976.

1975.

1980.

1979.

1978.

偏心桿

1981.

1982.

1983.

1984.

1985.

1986.

1987.

第 10 節 曲柄和偏心裝置 （另見第28頁。）

1978. 鉸鏈式手搖曲柄。

1979. 喬伊（Joy）的專利蒸氣引擎反向裝置用液壓偏心輪。中心塊（鎖入曲軸）有兩個小撞錘在槽輪的汽缸內工作，偏心輪的位置由一個手樞桿和泵控制，迫使機油通過曲柄軸和撞錘的通道進入汽缸。

1980. 雙偏心輪。有兩個直徑或行程，使偏心桿交替產生兩個不同長度的行程。

變速偏心輪。見§79閥齒輪。

曲柄軸調速器齒輪。同上。

1981. 三連彎曲柄。

1982. 斜置曲柄銷。促使活塞或活塞桿的旋轉往復運動以及上下運動。

可調整的手搖曲柄。見 # 2570、2265、2523。

可調整的偏心輪。見 # 188、189、190。

偏心曲柄運動。見 # 174、175。

1983. 偏心可變行程曲柄銷。曲柄銷置於偏心股上，偏心股藉由蝸桿和蝸輪進行旋轉。

1984. 曲柄運動。從規律運動的曲柄傳輸不規律運動給第二個曲柄，或反向亦可。開槽曲柄的速度在其整個旋轉圈中都有變化。

第 11 節 鏈齒輪 （另見第30頁。）

1985. 「鏈齒輪公司（Chain Gear Co.）」的專利節距鏈。鏈條行進到齒點的傾向據信能使其始終保持在節距內。

1986. 節距鏈。鏈節平整，中心敞開，圓柱

形的距離銷接合一個鏈輪。自行車傳動鏈條屬於這一類。

見第152頁鏈輪。

第 12 節 車廂和車輛 （另見第32頁。）

1987. 車輛車輪的旋轉齒輪。

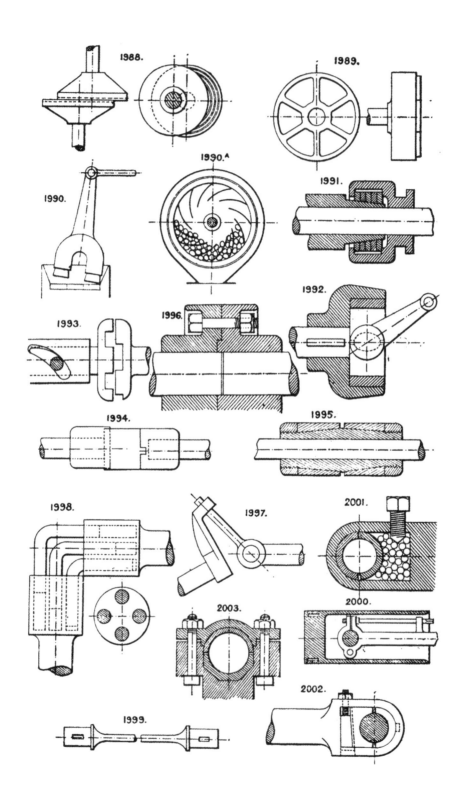

1988.

1989.

1990.

1990.ᴬ

1991.

1992.

1993.

1996.

1994.

1995.

1998.

1997.

2001.

2000.

2003.

2002.

1999.

第 13 節　壓碎、研磨和碎解　（另見第36頁。）

1988. 偏心盤研磨機。磨盤面開槽，環形、徑向或螺旋形。

1989. 研磨面工具。有磨石或鋼砂瓣。

1990. 亨廷頓（Huntingdon）的搗碎機。

表面研磨、銼削和拋光。使用鋼砂、銼刀、玻璃和砂紙及布、旋轉磨石和砂輪、刷子、鋼砂和其他粉末饋料的環形帶等工具進行。

1990a. 球磨機。用於研磨各種物質。

第 15 節　離合器　（另見第40 頁。）

1991. 線圈夾持摩擦離合器。由布里斯托爾的蕭工程公司（Shaw Engineering Co.,Bristol）研製。

線圈是彈簧狀鋼材。

1992. 內部夾持摩擦離合器。內環在一側分叉，並由連接在臂上的橢圓形銷擴大。後者通常由軸上的滑動套筒往復傳動（如 # 282）。

1993. 顎夾離合器。透過部分旋轉與齒輪嚙合。

第 16 節　聯軸器　（另見第42頁。）

1994. 聯軸器。可讓兩個軸端稍微偏線運轉。十字頭架兩端各有一個相互成直角的十字加強筋，與軸端件的十字槽結合。

1995. 分叉套筒聯軸器。由兩個錐形襯套和螺帽緊固在軸上。

1996. 凸緣聯軸器。螺栓頭和螺帽有凹槽。

1997. 軸的角聯軸器。代替斜齒輪。

1998. 角聯軸器。用於任何角度的軸（圖示角度是 90°），由在軸端鑽孔中滑動和旋轉的四個曲柄銷組成。

第 17 節　連接桿和連桿　（另見第42 頁。）

1999. 鋼或木製彈簧連桿。

2000. 連桿與泵撞鎚的連接件。使用長螺釘結合黃銅件。

2001. 連桿端頭。後黃銅件由一個錐尖固定螺絲固定，穿過一些鋼球或鋼珠而移位。

2002. 實心桿端頭。用楔形扁栓和螺帽調整黃銅件，後者側向取出。

2003. 「船用」連桿端頭。

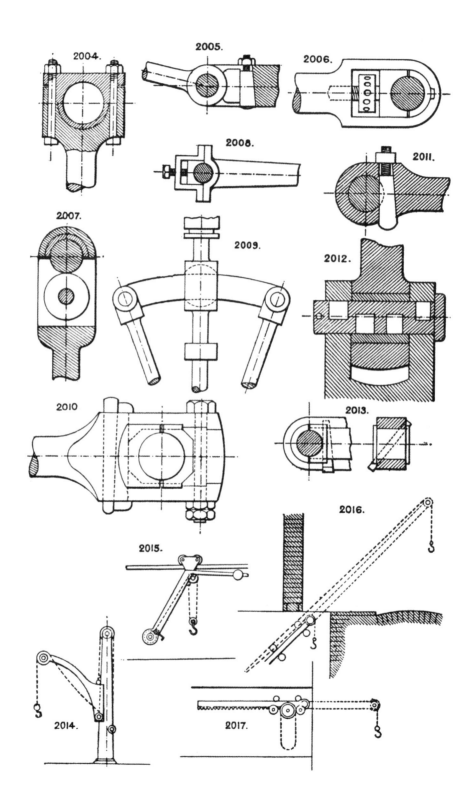

2004.

2005.

2006.

2008.

2011.

2007.

2009.

2012.

2010

2013.

2016.

2015.

2014.

2017.

256

2004. 「船用」連桿端頭。有金屬蓋，以及半截黃銅件。

2005. 楔形開口銷和黃銅軸承。用於承受連桿脫開其中心銷的推力。

2006. 連桿的實心端頭。黃銅件由一個絞盤螺絲固定。

2007. 防摩擦桿端頭。應變全部在一個行程上（如單動泵），應變發生於摩擦滾輪上。

2008. 簡易連桿端頭和半黃銅件。用於單動泵等。

2009. 實心連接器。旋轉段在設置於閥主軸上的箱殼中。

2010. 連桿端頭。當黃銅件可以移除時，從側面取出端塊。

2011. 桿端頭。固定銷以開口銷和螺帽固定。

2012. 連桿端頭、十字頭和軸頭。顯示軸頭銷的磨損面上有金屬可更新栓塞。

2013. 吊帶端頭。有斜鍵，有時比直鍵更方便使用。

第18節 起重機類型 （另見第46頁。）

1999. 鋼或木製彈簧連桿。

2014. 起重機。有滑動臂。

2015. 懸吊式行走手動起重機。

2016. 地下室起重機。使用時斜向上伸出。絞車是固定式。

2017. 迴路孔式起重機。使用時用握索齒輪操作小齒輪和齒條，或由鏈條纏繞在筒上，水平伸出。

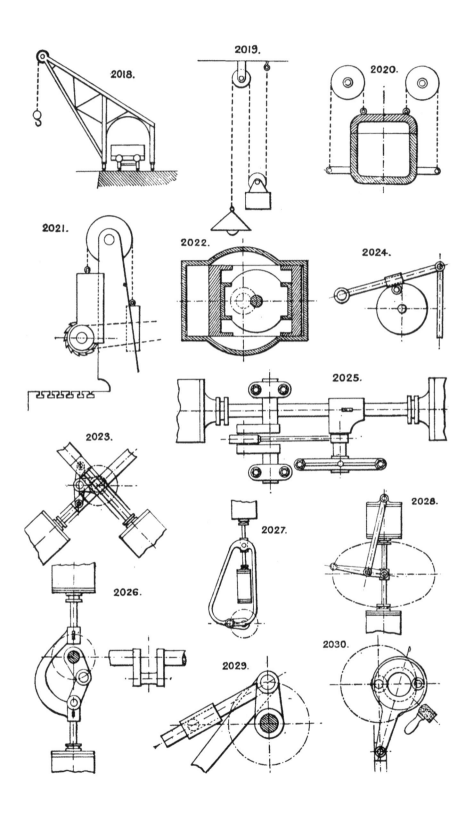

2018.

2019.

2020.

2021.

2022.

2024.

2025.

2023.

2027.

2028.

2026.

2029.

2030.

2018. 跨越鐵路行走式碼頭起重機。

第 20 節 補整誤差和砝碼　（另見第54頁。）

2019. 懸吊的照明、燈或類似物品的平衡，使其能夠升高或降低，而平衡配重只走一半的距離，因此是平衡物品配重的兩倍。

2020. 平衡箱。蓋子做得和盒子一樣重。

2021. 銑床或成型機的平衡刀頭。

第 21 節 圓周和往復運動　（另見第56頁。）

2022. 戴克（Dake）方形活塞引擎。有一個往復式雙活塞和一個橫向滑塊，將旋轉運動傳送至曲柄銷。

2023. 查普曼（Chapman）的專利曲柄運動。這個裝置中的汽缸以直角固定，其行程是曲柄半徑的四倍，曲柄由一個有等臂（半徑與曲柄相同）的連桿直接連接兩個十字頭。

2024. 曲柄運動。曲柄銷在一個套筒中運行，套筒沿槓桿進行滑動運動。

2025. 曲柄運動（在平面圖內）。有側連桿和偏離導軌。曲柄軸與活塞桿交叉，彼此非常靠近。

2026. 曲柄運動。有半軛十字頭。

2027. 同上。有軛連桿。

2028. 同上。用於泵，手柄劃出橢圓路徑。

2029. 布謝（Bouchet）的曲柄運動。避免死點。

2030. 偏心手搖曲柄運動。連桿有一個環形的端頭，吊帶用固定在其上的手柄，在中心銷上旋轉。

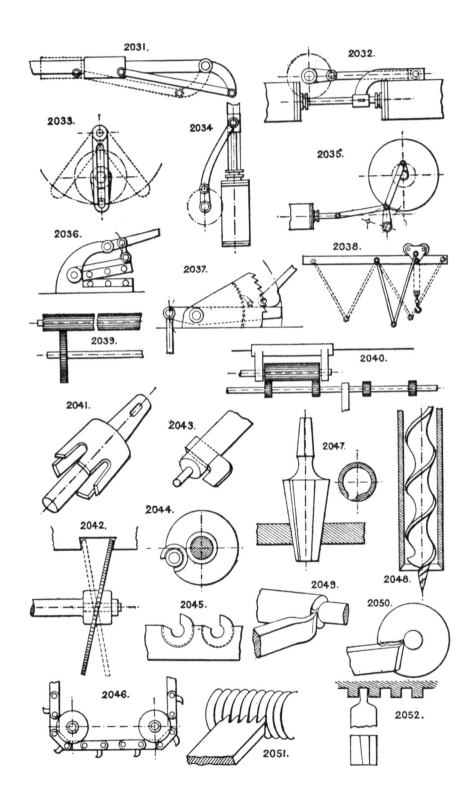

2031.

2032.

2033.

2034

2035.

2036.

2037.

2038.

2039.

2040.

2041.

2042.

2043.

2044.

2045.

2046.

2047.

2048.

2049.

2050.

2051.

2052.

2031. 曲柄運動。在桿或導軌上驅動滑動工具或運動。

2032. 泵或空氣壓縮機的偏位十字頭和導軌曲柄運動。

2033. 驅動擺臂的曲柄運動，反向亦可。

2034. 側曲柄運動。

2035. 阿特金森（Atkinson）曲柄運動。驅動飛輪兩圈，使活塞完成一次二行程循環。

第 22 節　集中動能　（另見第62頁。）

2036. 複合槓桿剪切機。

2037. 槓桿和傳動架。用於施加巨大的槓桿

作用，有防止撤回的掣子。

第 23 節　將運動傳送至機械的可動零件　（另見第62頁。）

2038. 連接管路。用於行走式、液壓式、蒸氣式或壓縮空氣式、吊升式或其他引擎。

2039. 行走輪。可由長小齒輪驅動，不影響輪的行走運動。

2040. 行走式正齒輪。類似於前述，將連續運動傳送給行走式機械。

液壓傳輸。使用兩個旋轉馬達（液壓式），一個做為驅動器，另一個做為馬達，並由兩個管道連接在一起而形成吸取管和輸送管，利用這兩種管道保持連續的循環，馬達由驅動器驅動，後者由軸或引擎驅動。如果管道足夠大，則可做到很長的距離。

第 24 節　切削工具　（另見第64頁。）

2041. 銷孔搪孔機。用於切削出有中心孔的圓形毛坯，如墊圈等。

2042. 搖擺式圓鋸機。用於切削出燕尾槽。

2043. 擴張切削面，或鑽頭銷。

2044. 旋轉式車刀。有可調整的插入式圓形車刀。

2045. 插入式圓形鋸齒，易於磨利、復位或更換。

2046. 鏈形刀具。

2047. 空心錐形桶塞孔鑽。將普通鑽頭所鑽的簡單開孔擴大，鑽出一個錐形孔。

2048. 方孔搪孔鑽頭。用於木材，一種有螺旋鑽頭的方鑿。

2049. 車削金屬的刀具。端面切刀。

2050. 同上，刀具。

2051. V形螺紋刀具。

2052. 金屬車刀。方形螺紋螺絲刀。

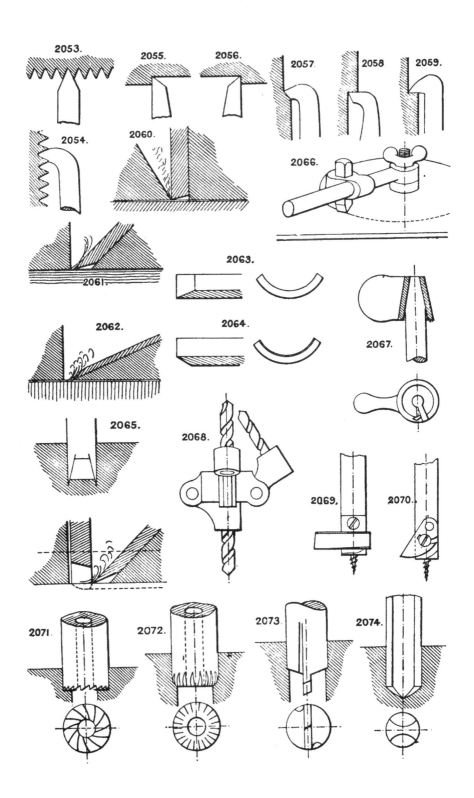

2053.

2055.

2056.

2057

2058

2059.

2054.

2060.

2066.

2061.

2063.

2067.

2062.

2064.

2065.

2068.

2069.

2070.

2071.

2072.

2073.

2074.

2053. 金屬車刀。V形刀具。

2054. 同上，內螺紋V形刀具。

2055. 同上，方肩用側刀。

2056. 同上，右向。

2057. 同上，搪孔刀具。

2058. 同上，方肩用刀。

2059. 同上。

2060. 手動刨削刀具。用於軟金屬——鉛、
錫等。

2061. 同上，用於木材斷面。

2062. 同上，橫斷面。

2063. 木材用的削圓盤。

2064. 木材用的空心鑿。

2065. 十字槽刨。有兩支刨刀，一支用來標
記每邊的切口，另一支用來刨出刨花。

2066. 用於在軋製鐵板上切削圓孔的刀具；
導向鑿和錘子。「桑代爾（Sundale）」
專利。

2067. 空心錐體削皮刀具。用於削尖銷釘、
鉛筆等。

2068. 刀具頭，用於鑽床。有三個或四個鉸
鏈式鑽頭夾具。

2069和2070. 可調整的搪孔鑽頭。

2071和2072. 平底鑽或菊花鑽。

2073和2074. 圓柱鑽和槽鑽。用於擴孔和精
細加工。

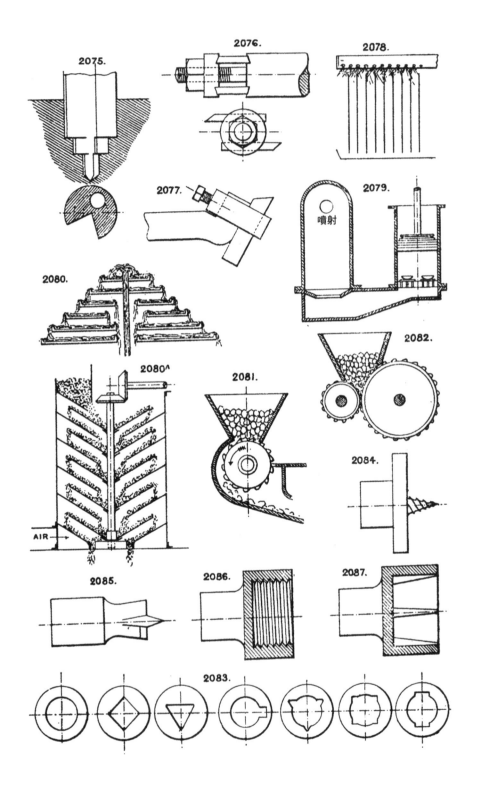

2075.

2076.

2078.

2077.

2079.

噴射

2080.

2080ᴬ

AIR →

2081.

2082.

2084.

2085.

2086.

2087.

2083.

2075. 複合缸鑽，有溝紋，並設有油道。

2076. 搪桿頭。

2077. 刀架，車床、牛頭鉋床或龍門鉋床用。

第 25 節 凝結和冷卻 （另見第66頁。）

2078. 克萊恩（Klein）的空氣冷卻器。熱水噴灑在一些垂直的金屬板的上表面，並滴流到一個流槽中。金屬板之間空氣的自然循環，加上部分蒸發，使水冷卻到比正常溫度低20°。

2079. 噴射式冷凝器，有熱井、底閥和氣泵。

2080. 冷卻噴泉和托盤，冷凝器水用。

冷卻池的面積與水量和水溫成正比，在供水受限的地方用於冷卻冷凝器水。

噴泉和噴霧器也可與水池一起用於冷卻冷凝器水。

科爾庭（Korting）的噴水冷凝器。見 # 2212。

第 26 節 選礦和分離 （另見第66頁。）

2080a. 離心分離機，有空氣鼓風。物料送入旋轉立軸上的頂錐體內，頂著來自下面的空氣鼓風向下移動。

第 27 節 細切、切片和切碎 （另見第68頁。）

2081. 根部切片用機器，滾輪上的切刀刀形可將根部切成所需的任何細度，有一個固定的齒條或刷子，用於清潔切齒。

2082. 用於切碎或研磨的研磨機，其兩個滾輪以不同的圓周速率驅動。

第 28 節 夾頭、夾具和夾持具 （另見第68頁。）

2083. 各種刀具等的套座。剖面：這些套座分為平行孔和錐形孔兩種。平行孔類用一個固定螺釘或鑰匙將刀具固定在套座中。見§37。

2084. 螺絲夾頭，用於車削木材。

2085. 叉形夾頭，用於車削木材。

2086. 螺旋杯形夾頭，用於車削木材。

2087. 杯形夾頭，有錐形羽，用於木材。

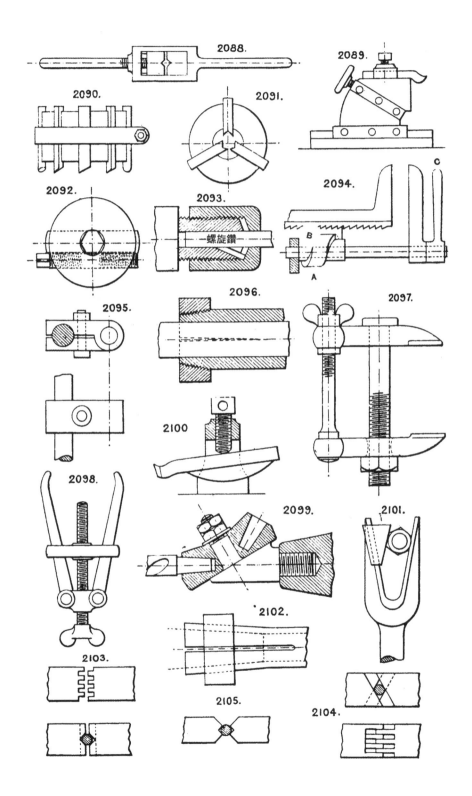

2088.

2089.

2090.

2091.

2092.

2093.

螺旋鑽

2094.

2095.

2096.

2097.

2098.

2099.

2100

2101.

2102.

2103.

2104.

2105.

2088. 可調整的螺絲攻扳手。

2089. 升降工具匣。

2090. 刀頭，用於銑削或修整。

2091. 三爪導軌或夾頭，三個滑動顎夾通常用螺絲固定。

2092. 雙爪夾頭，利用左右旋螺絲使顎夾同時反向移動。

2093. 鑽頭套座，旋起時斜置銷釘夾住鑽柄。

2094. 瞬時夾持裝置，用於虎鉗等。蝸桿A是偏心的，藉由手柄C的一次運動，將齒形橋台塊B上升或降低而與齒輪囓合或脫開，齒條固定。脫開齒輪ABC處時，連同軸和前顎夾，可以自由地滑入或滑出到開口所需的任何尺寸。

2095. 夾具，用於桿或繩。

2096. 分叉式套筒和螺帽，用於夾持桿或軸。

2097. 螺絲夾鉗。

2098. 同上，另一種形式。

2099. 絞盤鑽頭或刀頭。用於車床或搪床。刀頭斜向旋轉，可有多個刀具的套座，以便對工件之間先後連續操作。

2100. 可調整的工具匣。

2101. 扳手，有可調整的顎夾。

2102. 彈簧錐形套節。有滑動環。

2103. V形齒形夾具，用於夾頭等。

2104. 同上，另一種形式，有交錯的V形。

2105. 最簡單的V形夾具。用於平行的圓柱形物品。

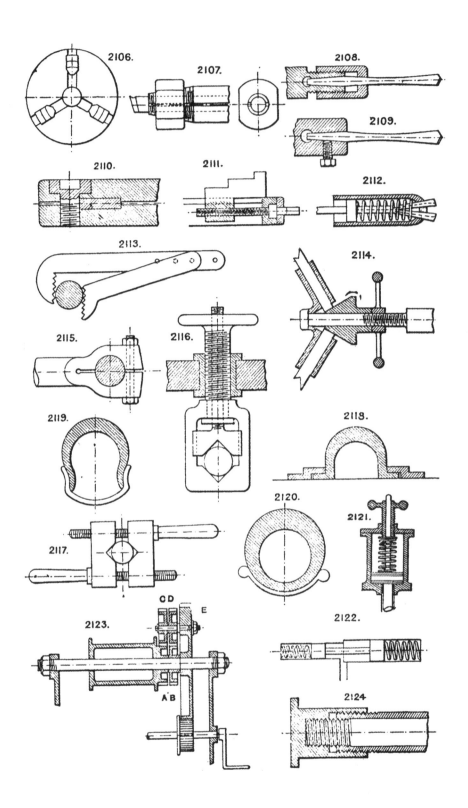

2106.
2107.
2108.
2109.
2110.
2111.
2112.
2113.
2114.
2115.
2116.
2119.
2118.
2117.
2120.
2121.
2123.
2122.
2124.

2106. 三顎齒頂圓錐，螺旋板或螺釘使顎夾一起或分開動作。見#158、1384。

2107. 分裂式刀架（巴柏〔Barbor〕專利），有錐形螺紋和螺帽，夾持一個圓形（或其他）截面刀具。

2108. 帽和套座。用於鑽頭。

2109. 套座和固定螺絲。用於鑽頭。

2110. 分裂式刀桿。有橫向切刀（見#2043），安裝埋裝螺絲，有一個專用扳手用的十字穴頭。

2111. 階梯式顎夾。用於車床齒頂圓錐，以螺釘穿越。見# 409。

2112. 彈簧夾，用於鉛筆、小鑽頭、銷釘等。

2113. 鮑爾（Bauer）的專利扳手，或管扳鉗。鉸鏈銷是#2426的形式。

2114. 輪子用的夾頭。有三個或更多的滑動接合套，由一個錐體和手輪螺帽固定。

2115. 桿件的分叉式端頭夾具。

2116. 雙V形夾具，用於管道等。其兩個顎夾的運動量相等，始終保持在中心位置。大螺釘的螺距必須是小中央螺釘螺距的兩倍，一個是右旋，另一個是左旋。

2117. 手螺釘，有V形夾具。

第 29 節 緩衝器　（另見第72頁。）

2118. 橡膠墊或緩衝器。

2119. 公路車輪的避震緩衝輪胎。

2120. 同上，氣動式。可攜式泵壓縮封閉的空氣而增加這種輪胎中的阻力。

　　活塞關閉接口而截留部分排出的蒸氣，使雙缸泵在行程的兩端獲得避震緩衝效果。

　　空氣容器用於緩衝泵的動作，包括傳遞和吸取。

2121. 彈簧活塞，用途相同。

　　用橡膠、毛氈、皮革等製成的墊子或避震器，用來緩衝爆炸。

　　蕭與斯皮格（Shaw＆Spiegle）的蒸氣拖纜張力緩衝機提供彈性蒸氣緩衝，退縮是為了防止纜繩過度緊張，引擎就會在應變下向後運轉，但當應變消失時，又會張緊而伸縮以適應船隻的運動。

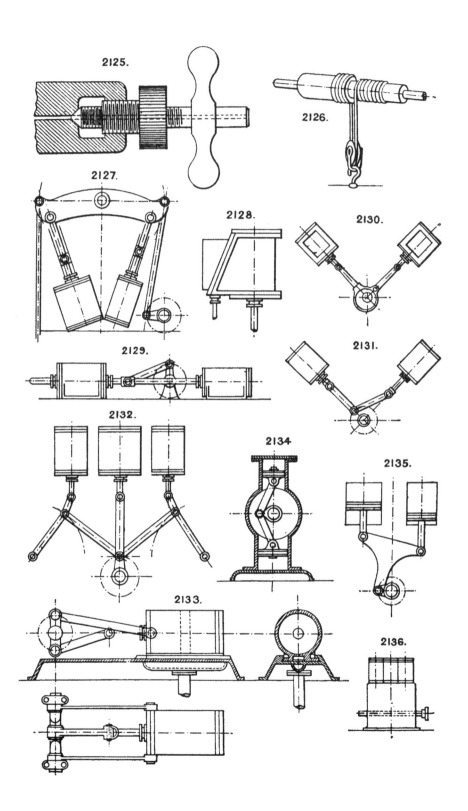

2125.

2126.

2127.

2128.

2130.

2129.

2131.

2132.

2134

2135.

2133.

2136.

第30節 鑽孔、穿孔等 （另見第72頁。）

見擴脹性鉸孔器，#2149、2151。

同上，切刀，#2069、2070、627。

同上，螺旋鑽，§36。

第31節 差速齒輪 （另見第74頁。）

2122. 差動活塞指示器。用於蒸氣引擎。

2123. 哈里森（Harrison）的差動外擺線吊重齒輪。小齒輪A是圓筒的定輪，鬆置於軸上。B鎖入軸，C和D鑄成一體，在大輪E的螺柱上運行，大輪E則鬆置於軸上；A和B的齒數不同。

2124. 差動螺栓和套筒運動。

2125. 差動螺旋閥接頭。有錐座，由T形頭和細螺紋中心螺絲緊固；用於氣瓶。

2126. 轆轤，現代差速齒輪的起源。

第32節 引擎類型 （另見第76頁。）

2127. 天平式引擎，複合式，為使結構緊湊而採用斜置汽缸。

2128. 蒸氣汽缸，閥櫃採用斜面凸緣接頭，使閥面易於刨削，並省去另外的鑄件和箱體接頭。

2129. 抽排或送氣引擎，採用側桿曲柄運動。

2130. 一曲柄一偏心輪引擎。汽缸間成直角，同一偏心輪操作兩個滑閥。

2131. 一曲柄引擎，如上所述。

2132. 一曲柄三缸引擎。

2133. 滑缸引擎，使用三連曲柄和三支連桿。藉機座中汽缸氣口的往復運動來配送蒸氣。

2134. 複合式高速封閉引擎。

2135. 複合式引擎。使用T形連桿和一支曲柄，無死點。

曲柄運動。見§21。

2136. 三缸高速箱式引擎。單一動作。

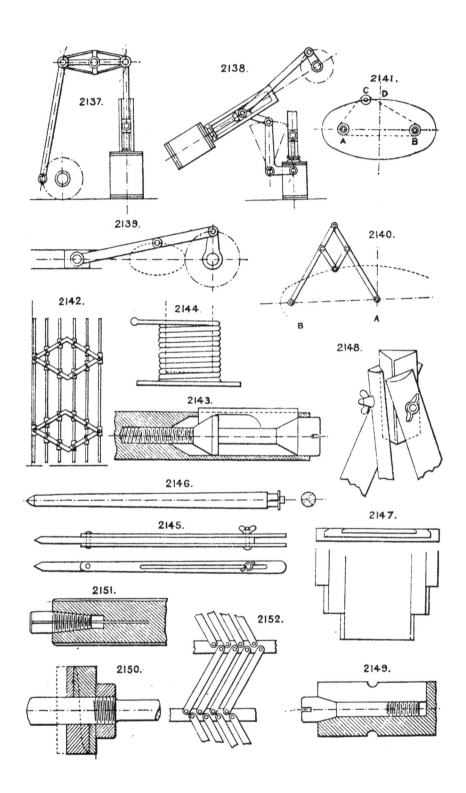

2137.

2138.

2141.

2139.

2140.

2142.

2144.

2148.

2143.

2146.

2147.

2145.

2151.

2152.

2150.

2149.

2137. 美式行走槓槳式引擎。

2138. 斜置引擎。有立式空氣泵，由雙臂曲柄桿帶動。

真空引擎。這種類型的引擎有製造兩種形式，蒸氣在大氣壓力條件下使用，並在噴射或表面冷凝器中冷凝，因此工作壓力是絕對大氣壓，不超過每平方公分1033.6克（每平方英吋14磅）。這些引擎及其鍋爐沒有爆炸的危險，但需要供應優質的冷凝水。

第34節 橢圓運動 （另見第82頁。）

2139. 曲柄運動，畫出橢圓形（卵形，不是真正的橢圓形）。

2140. 橢圓機。A點固定，B點沿著AB線行進。

2141. 線橢圓機。A和B固定在橢圓的焦點上，把線連接起來，讓鉛筆C（有線輪）到達短軸D的末端，鉛筆會畫出一個真正的橢圓。

第36節 伸縮裝置 （另見第84頁。）

2142. 伸縮門。由垂直、圓形或簡單的桿件組成，安裝滑動套圈，套圈的中心銷釘穿過斜置桿件，這些中心間距均勻。

2143. 脹縮心軸。有三個平行的滑鍵，由一個有兩個相等錐體的中心螺栓擴張。

2144. 脹縮套座。由彈簧線組成。

2145. 伸縮腳。用於望遠鏡或相機三腳架。

2146. 伸縮三角架。成形而收攏成圓柱組。

2147. 三張或更多滑片的伸縮桌。

2148. 伸縮三角架。腳部鉸接在三角棱柱上，閉合後形成圓柱組。

2149. 伸縮鉸刀。本體至螺栓末端分成三部分。

2150. 艾迪（Addy）的伸縮軸環。由兩個環組成，相鄰的面呈螺旋狀，因此加以旋轉而分離到螺距的範圍內。因此，軸環是縱向伸縮，而不是斜向伸縮。

2151. 伸縮分叉式鉸刀或心軸。有推拔螺釘。

2152. 伸縮篩或濾網。可改變桿件間的空間。

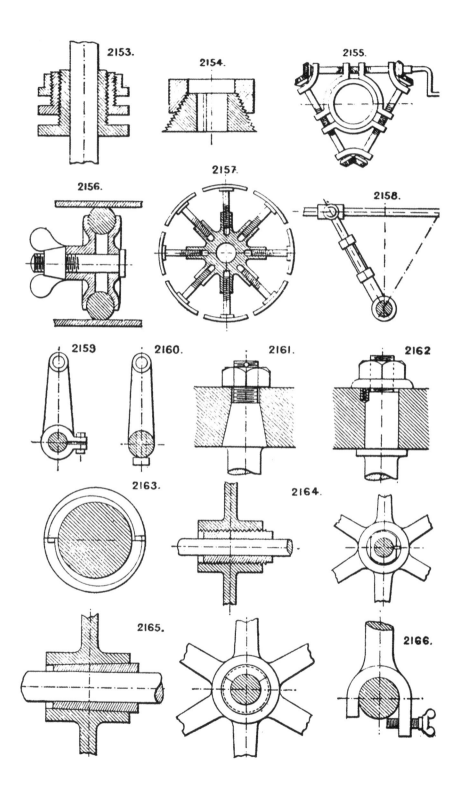

2153.

2154.

2155.

2156.

2157.

2158.

2159

2160.

2161.

2162

2163.

2164.

2165.

2166.

2153. 伸縮軸環或套筒。一個鎖在另一個上。

2154. 伸縮筒夾。分成三部分或更多部分。

2155. 伸縮管夾或軸環。有斜齒輪以及左和右旋螺槳一起操作這三分段。

2156. 伸縮管堵塞器。有橡膠圈。見§29。

風箱和橡膠袋做為氣體等的膨脹裝置。

橡膠氣球因空氣受壓力吹入而膨脹。

2157. 膨脹皮帶輪或輪子。

膨脹柱塞。見#2358。

2158. 膨脹桿。

汞球管是一種由溫度啟動的膨脹裝置。

第37節 將輪子等固定在軸上 （另見第86頁。）

2159. 曲柄臂或桿臂。用夾持輪轂和螺栓固定在軸上。

2160. 同上，被一支穿過軸的螺紋柄固定在軸上並用一個螺帽拉緊。

2161. 活塞和桿的緊固。

2162. 同上。

2163. 湯瑪斯（Thomas）專利楔形襯套。用於將光面搪孔滑輪等固定在軸上。

2164. 錐形拼合軸襯。用於固定輪子，具有摩擦力。襯套只在一側分叉。

2165. 錐形分叉襯套固定。有摩擦夾具。襯套分叉成三部分。

2166. 桿或臂的固定螺釘鎖緊。

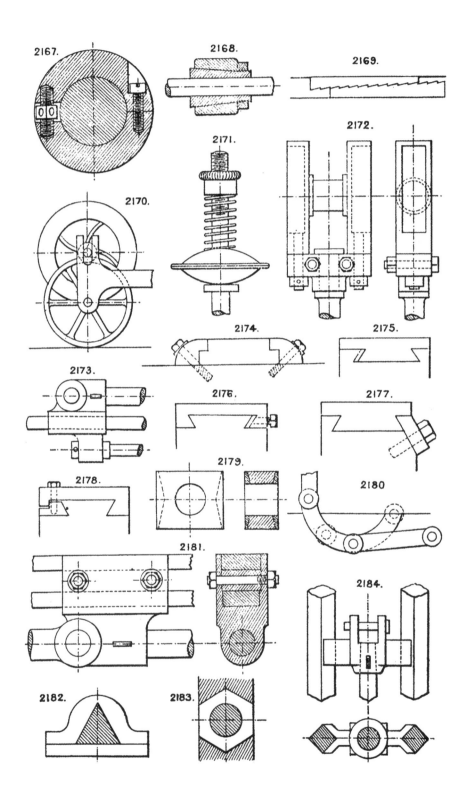

2167.

2168.

2169.

2172.

2171.

2170.

2174.

2175.

2173.

2176.

2177.

2179.

2178.

2180.

2181.

2184.

2182.

2183.

2167. 分叉輪轂或軸環，有兩種形式的埋裝螺釘，用於固定和鎖緊。

現在常用分叉輪和滑輪做為緊固在軸上的最佳工具。見#1711。

2168. 錐形套筒（分叉式）和螺帽。用於緊固輪子或滑輪。

2169. 鋸齒狀楔子。

第 38 節 摩擦齒輪 （另見第88頁。）

2170. 台車驅動裝置。車輪承受上方驅動主軸，驅動主軸則以摩擦力驅動車輪，或是藉由負載或彈簧迫使主軸與車輪形成摩擦機構。

2171. 摩擦、彈簧夾。用於對通過凸盤之間的棉線施加張力。

覆蓋皮革的小齒輪，以光面緣輪或圓盤驅動。這些機構應保持以小齒輪做為驅動器，否則小齒輪容易發生接頭磨損而失去作用。

第 39 節 導軌、滑軌等 （另見第90 頁。）

2172. 引擎十字頭。由兩個滑塊組成，與軸頭鑄成一體，用螺栓連接兩個引擎蓋，將活塞桿端部封裝，並以螺栓固定在滑塊上。

2173. 十字頭單臂導軌。不一定有泵桿下部連接件。

2174. 伸縮機座由兩支方形開槽條（其中一支可固定）引導，用對角固定螺釘調整。

2175. V形導軌。有可再生帶。

2176. 同上，有固定螺釘調整。

2177. 同上，有斜面調整帶和固定螺釘。

2178. 同上，有鬆弛的V型帶，上面用螺釘固定。

2179. 引擎十字頭的導塊。青銅外殼構型，內部是白色金屬或防摩擦金屬。

2180. 弧形段導軌，於連桿轉角度運動。

2181. 十字頭導軌。有兩支美式滑桿。

2182. V形導桿和導軌。

2183. 雙V形導軌。用於十字頭。

2184. 方形截面的十字頭導軌。

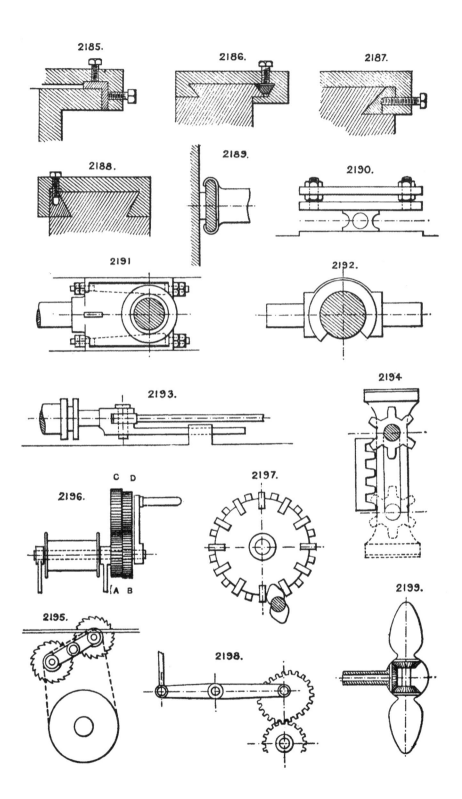

2185.

2186.

2187.

2188.

2189.

2190.

2191

2192.

2193.

2194

2196.

C D

A B

2197.

2195.

2198.

2199.

2185. 導軌床身。有方形導軌和用固定螺釘調整的可再生帶。

2186. V形導軌，有V形條和固定螺釘調整。

2187. 同上，有斜面帶和固定螺釘調整。

2188. 同上，在頂部調整。

2189. 簡單的導軌連接到光面桿。

2190. 導桿。可調整，利於耐久。

2191. 引擎十字頭。有可調整的導軌黃銅件，由錐形鍵和螺帽固定。

2192. 十字頭。繞桿彎曲。

2193. 十字頭側導軌。用於引擎或泵，平面圖示。

第 40 節　多種裝置中的齒輪裝置 （另見第92頁。）

2194. 翻料機。使用齒條和小齒輪反轉衝壓件、工作台或平台。

2195. 皮帶帶動兩台鋸子、切刀、鑽頭等的雙驅動運動。使其中任何一台都可以在臂半徑的半圓內不同點上工作。

2196. 太陽行星齒輪系。A是固定輪，B鎖入筒軸，C和D鑄成一體，在曲柄臂上的螺桿上鬆弛運行。

2197. 雙齒小齒輪。

2198. 凸輪正齒輪，產生與凸輪所給的相似的可變運動。

2199. 利用斜齒輪和中心軸來改變螺旋槳葉、風車、活葉輪等的角度的運動。

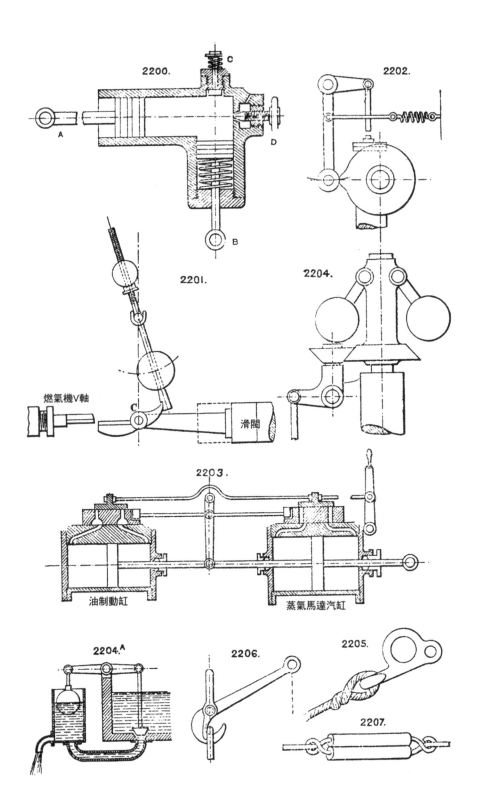

2200.

2202.

2201.

2204.

燃氣機V軸

滑閥

2203.

油制動缸

蒸氣馬達汽缸

2204.A

2206.

2205.

2207.

第41節 控制和調節速度等 （另見第96頁。）

2200. 大氣調速器。桿A連接到引擎而產生往復運動，B連接到平衡節流閥，C 是空氣的進氣閥，D則是藉以調節速度的可調整的出氣閥。為了使活塞桿和活塞B的動作是連續而不是間歇的，空氣泵A應加裝隔膜和輸送閥，將空氣強行送入活塞B上方的中間艙室。

2201. 燃氣引擎擺錘調速器。斷續調速。當擺錘運動速度過快時，擺動解扣C靠自身的重量脫開而鬆脫。上方球用來調整擺錘的運動，使之達到所需的速度。

曲軸調速器。見§79。

自調節擋板用於鍋爐煙氣道，利用蒸氣的壓力來操作，從而達到調節風量的目的。

調節升降機的速度。見#1495。

2202. 燃氣引擎調速器。當轉速增加超過正常範圍時，旋轉凸輪將槓桿的垂直臂撐遠而關閉燃氣閥。

2203. 蒸氣閥調速器，使閥或其行程的其他細微的任何分段進行運動，並將其保持在該點。主蒸氣缸和油缸的閥隨活塞運動。截止閥由手桿控制，並讓蒸氣和機油同時傳送到各自缸體的同一端，活塞只行進到截止自己的供給，油液遏止蒸氣的膨脹作用。

2204. 離心球調速器，用錐輪運動來操作截止。

2204a. 均流調節器或調節閥。用於從水槽抽水。

第43節 鉤、旋轉環等 （另見第98頁。）

2205. 鉤眼，用於牽索。

2206. 滑鉤，用於打樁機、落槌頭等。

2207. 線鉤連接件，用於電線。

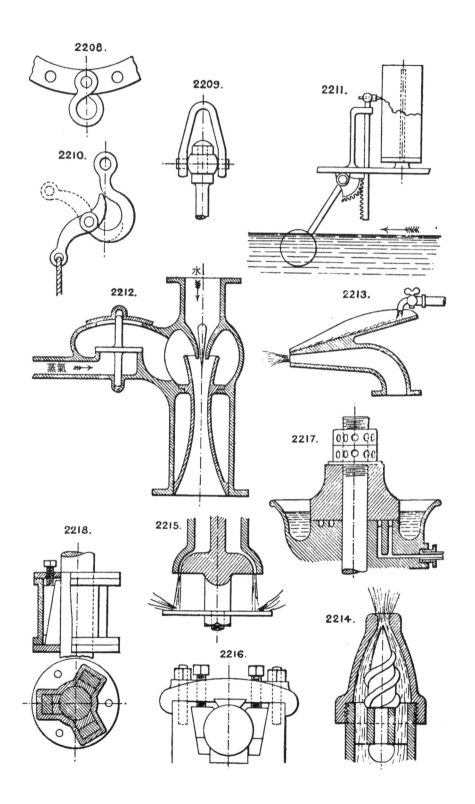

2208.

2209.

2210.

2211.

2212. 水 蒸氣

2213.

2217.

2218. 2215.

2216. 2214.

2208. 弓弦扣或卸扣孔。

2209. 旋轉卸扣。用於牽索、桿或鉤。

2210. 滑鉤。

第 44 節 表示速度等 （另見第100頁。）

使用指示器來：

· 記錄工人進出工廠的情況。

· 記錄引擎的速度和負載變化、蒸氣壓力等。

· 記錄風壓、氣壓變化——降雨、日照等。

· 記錄守望員或其他職員的定期巡查，以及這些巡查的時數。

· 記錄銀行保險箱的巡查情況。

2211. 記錄抵住一個浮球的水流速度和壓力的指示器，浮球帶動鉛筆貼著紙筒垂直移動，紙筒保持順時鐘緩慢旋轉。

第 45 節 噴嘴、管嘴和注射器 （另見第102頁。）

2212. 科爾庭（Korting）的噴水冷凝器。需要約0.91公尺（3英呎）的冷凝水頭。

2213. 利用空氣鼓風的石油、水等的噴霧器。

自動噴霧器或灑水器的構造是利用水流發出的力散佈或噴灑水在相當大的區域上，用於滅火、澆灌花園等。

噴泉噴射器有多種形式，以藝術化設計成密閉、散佈或扇形的形式來輸送水。

2214. 噴霧器。有螺旋形芯。

2215. 噴霧器。有環形孔口和碟形板。

第 46 節 軸頸、軸承、樞軸等 （另見第102頁。）

2216. 托架軸承。有四個黃銅件和固定調整螺釘。

2217. 液壓油樞軸。用於垂直旋臥。機油受壓力下被迫進入軸承工作面之間的通道，其面積和壓力根據負載進行調整。多餘的機油從油槽返回泵。

2218. 可調整中間軸承。用於立軸。有三個黃銅件由固定螺釘和楔子固定。

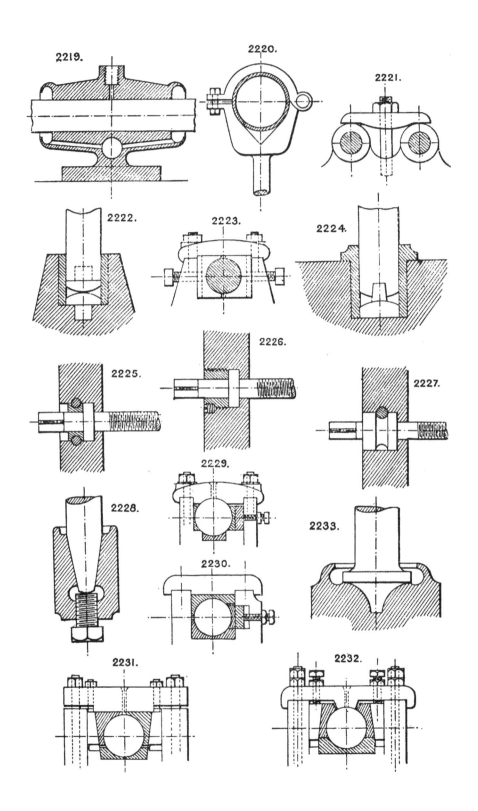

2219.

2220.

2221.

2222.

2223.

2224.

2225.

2226.

2227.

2228.

2229.

2230.

2233.

2231.

2232.

2219. 長軸承，有機油循環。

2220. V形軸承，或軸或望遠鏡的支撐件。

2221. 光面雙軸承，有一個蓋子和一支螺栓。

2222. 立軸軸承，由兩個類似的非常堅硬的鋼製趾片組成，在機油中運轉。

2223. 托架，有側面調整黃銅件，由固定螺釘固定。

2224. 立軸軸承，類似於 # 2222，但有非常堅硬的鋼製小圓錐趾片。

2225. 軸環螺釘的止推軸承。有一個鬆散的軸環，用兩支銷釘固定，一半鑽入軸環，另一半鑽入底座。

2226. 類似的軸承，有一個鬆散的軸環螺釘旋入並由一支固定銷釘鎖定。

2227. 類似的軸承，螺釘有一個厚的軸環，有一個切削的槽，一支銷釘一半鑽入軸環，另一半鑽入底座。

2228. 立式樞軸。有硬化螺釘。

滾珠軸承，見§70。

滾子軸承，見§70。

2229. 軸承。側面有黃銅件，由一個固定螺釘固定。

2230. 同上。有3個黃銅件，由一個固定螺釘固定。

2231. 同上。有3個黃銅件，側面黃銅件由楔形螺栓固定，在頂部調節。

2232. 軸承，有3個黃銅件，由側邊楔子和頂部螺釘固定。

2233. 施勒（Schiele）的立軸軸承。

白合金多用於軸承，可繞軸運轉。黃銅件有時做成骨架狀，而以這種形式結合白合金。

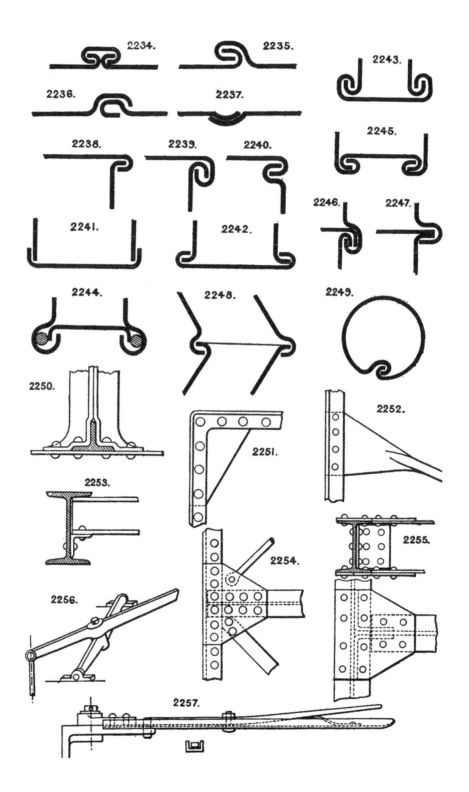

● 金屬板接合件。

2234. 環形接合線。有蓋條。

2235. 折疊的環形接合線。

2236. 半折疊接合線。

2237. 填充式環形接合線。

2238.
2239.
2240.
2241.
2242. 底面接合線。# 2244用粗鐵線圈加強。
2243.
2244.
2245.

2246. 和 **2247.** 中間接合線或隔膜。

2248. 肘形接合線。

2249. 折疊管接合線。

● 板和棒接合件

2250. T形鐵、板與T形或L形鐵垂直面的連接件。

2251. 角牽板角鋼。

2252. 拉桿的板端。

2253. H形鐵連接件，如樓板框架。

2254. 角牽板連接件，用於加固框架。

2255. 角牽板連接件，用於等深的H形縱樑。

第 48 節 **槓桿**　（另見第108頁。）

2256. 槓桿。可做萬向運動。

2257. 手動啟動槓桿。結構經濟性高，由輕質槽鐵構成，有一支彎曲的鎖桿鎖住軸承上扇形鑄板中的孔。

鎖定槓桿。見§49。

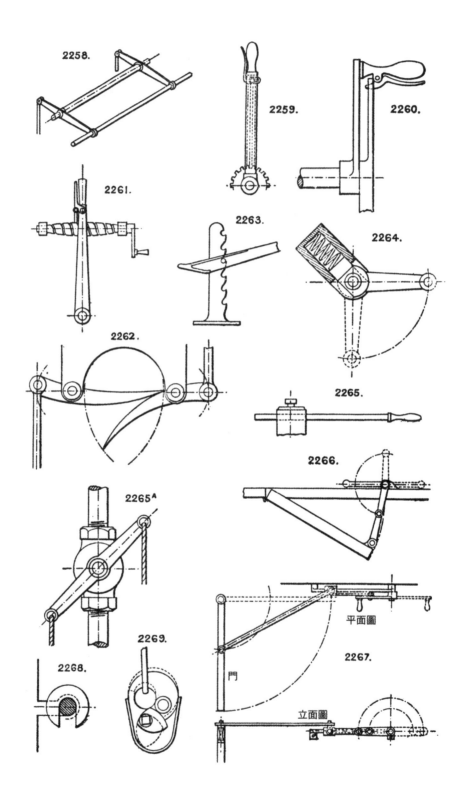

2258.

2259.

2260.

2261.

2263.

2264.

2262.

2265.

2265^A

2266.

2268.

2269.

門

平面圖

2267.

立面圖

2258. 雙槓桿。手動，用於滅火引擎、泵等。

2259. 鎖定槓桿。由鐵管構成，內有滑動閉止桿。

2260. 起動槓桿。有鉤狀掣子，帶入扇形板上的孔內。

2261. 凸形蝸桿。用於鎖定和調整起動槓桿。

2262. 平衡槓桿。用於彈簧和可變運動。

2263. 槓桿和齒條升降設備。

2264. 在兩個位置鎖定的彈簧槓桿。

2265. 手桿可調整半徑。彎曲的手柄構成一支可調整的手搖曲柄。

彈簧槓桿由鋼板構成。見#1914。

複合槓桿。見#1367。風琴中的「滾子板」運動也是這種類型，但每對臂及其軸或滾子都獨立安裝在一對端心上。

2265a. 用於有栓旋塞的雙槓桿，由兩根繩索操作。

第 49 節 鎖定裝置 （另見第110頁。）

2266. 門等的槓桿動作。在固定的位置鎖住、開啟或關閉。

2267. 出入口或門的槓桿動作。在兩個位置之一開啟或鎖住。

2268. 用於鎖定或釋放桿或繩的旋轉小孔。

2269. 橋墩鎖。只能用鑰匙旋轉齒輪轉向器開啟。

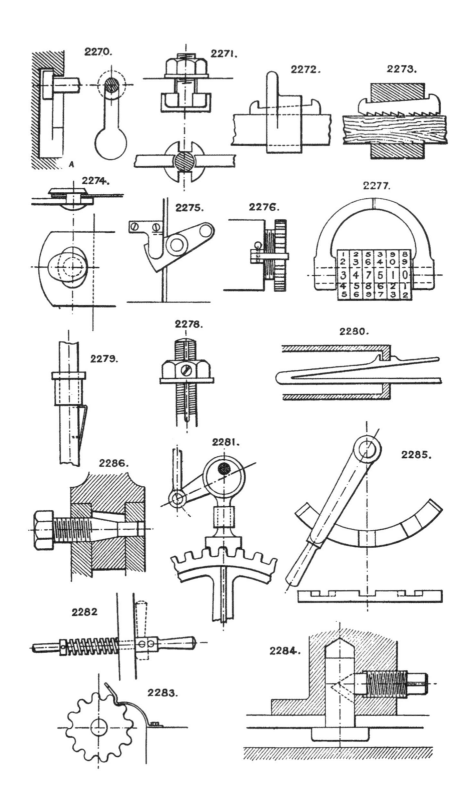

2270.

2271.

2272.

2273.

A

2274.

2275.

2276.

2277.

2279.

2278.

2280.

2286.

2281.

2285.

2282.

2284.

2283.

2270. 暗螺絲連接件。螺絲固定在任何物品的背面，沿凹槽滑動而緊固在固定件A上。一般使用兩個、三個或四個螺絲和凹槽。

2271. 螺栓鎖，可以旋轉180°來鬆開螺栓。

2272. 鉤頭鍵緊固件，用於光面鋼筋上的滑塊或支架。

2273. 類似的緊固件，使用木條。

2274. 鎖定螺柱，用於鐵製試驗台板條。

2275. 掣子和鉤子。

2276. 鉸鏈式掣子，用於鎖定螺紋壓蓋或螺帽。

2277. 字母鎖或密碼鎖，可在有活鍵的主軸上排列任何數量的圓盤，因此必須都在一定的位置，使鑰匙能夠滑過每個圓盤中切開的凹槽或鑰匙路徑，從而打開迴路。

2278. 鎖緊螺帽。

2279. 彈簧棘爪，傘形掣子。

2280. 彈簧卡扣，將開口兩端壓在一起而鬆開。

2281. 正齒的鎖定棘爪。

2282. 彈簧手柄。

2283. 彈簧棘爪。抵抗適度的作用力將輪鎖定，但遇到更大的作用力就會鬆開。

鎖定棘爪的運動，見§62。

2284. 車床頭或刀架的鎖定裝置，中心銷的頭部在T形槽內或車床床台下運行，由尖錐固定螺釘夾住，螺釘抵住中心銷中的圓錐形凹槽。

2285. 半徑桿。有凹槽，將手桿鎖定在不同位置。槓桿可利用鉸鏈脫開凹槽，或是做得足夠薄而同樣能完全彈出。

2286. 錐形螺絲鎖，用於標準腳、銷釘或套座和插口。

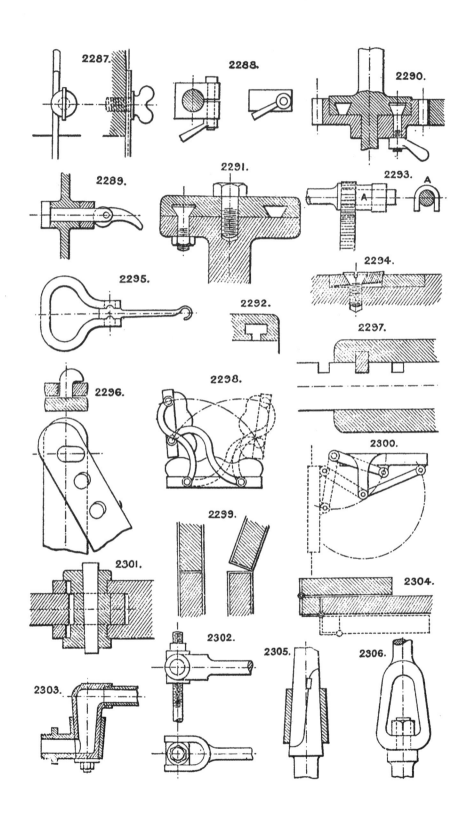

2287. 固定針、線、繩等的固定螺絲。

2288. 夾持桿的分叉塊。有手柄螺帽。

2289. 凸輪掣子。用於鎖定輪或主軸。

2290. 鎖定裝置。用於正齒輪傳動的軸，代替離合器。

2291. 類似的鎖。用於旋轉頭部、標準夾刀柱等。

2292. 三通槽。用於#2290和#2291的T形頭螺栓。

2293. 馬蹄形鐵間隔件，放在滑動小齒輪和軸環之間，以保持與齒輪之嚙合或脫開。

2294. 切刀等用的楔形板和緊固螺絲。

2295. 鎖定裝置。用於彈簧槓桿、手柄、鈕釦鉤等。

2296. 鎖定中心銷。

2297. 鎖定滑動主軸的開口銷。

第 50 節 鉸鏈和接合件　（另見第116頁。）

2298. 連桿鉸鏈。用於翻轉椅背。

2299. 帶式鉸鏈。可使門360° 擺動。

2300. 連桿鉸鏈。用於反轉門或百葉窗開啟或關閉。

2301. 叉形接頭。用於泵桿等，有階梯式扁栓。

2302. 叉形接頭和旋轉塊。用於螺絲連接。

2303. 用於管道工作的旋轉接頭。

2304. 用鉸鏈鏈接中間方條的門，可360° 擺動。

彈簧鉸鏈。見#1469、#1470。

2305. 嵌接頭。用於泵桿，由十字開口銷和錐形套圈鎖定。

2306. 旋轉接頭。用於泵桿等。

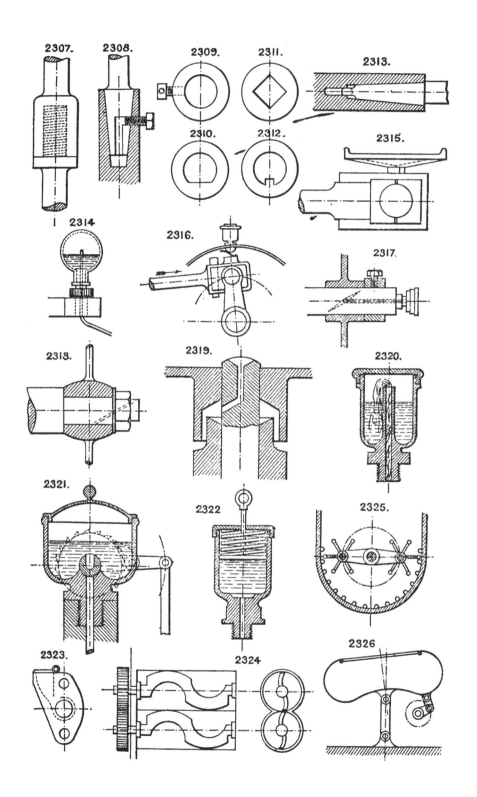

2307. 2308. 2309. 2311. 2313.

2310. 2312. 2315.

2314 2316. 2317.

2318. 2319. 2320.

2321. 2322. 2325.

2323. 2324. 2326.

2307. 螺旋套座和插承接頭。用於桿件。

2308. 錐形套節接頭和固定螺釘。

2309. 2310.、**2311.**和**2312.**不同形式的套節接頭。另見§28。

2313. 錐形鑽頭套座。鑽頭套座端部的形狀配合夾持具內的十字槽，可將錐形開口銷塞進槽中，使鑽頭鬆動。十字槽施予鑽頭正向驅力。

第51節 潤滑器 （另見第120頁。）

2314. 利歐樊（Lieuvain）的針孔潤滑器。有彎針，用於給曲柄銷上油。後者附有一個襯墊，在通過彎針時滲入而將機油帶走。

2315. 曲柄銷的盤式潤滑器。旋轉時輔助從油罐加入機油。

2316. 曲柄銷潤滑器。固定的油杯，接合一塊絨布墊。連桿端連接一片彎板，每轉一圈就把機油從襯墊滲入油杯中。

2317. 使用安裝在軸端的「施陶弗（Stauffer）」潤滑器來潤滑固定軸或旋轉軸上的鬆置滑輪。

2318. 潤滑固定螺栓上的鬆置滑輪。

2319. 潤滑垂直心軸的方式。有防止接觸軸承的輪子或其他高速齒輪。

顯給潤滑器（sight feed lubricator）。顯示裝滿水的玻璃管中機油的實際進給量，機油以滴狀通過玻璃管。種類繁多。

目前正在引進複合式潤滑器，其功能是透過儲油罐的自動進給作用，向需要潤滑的引擎或機器的接頭或零件施加潤滑油。

2320. 虹吸式油繩潤滑器。

2321. 自動潤滑器。間歇式進給，引擎透過棘輪和棘爪運動驅動旋轉主軸，其上有一個凹槽，旋轉時將其內含機油輪送到下面的管路中。

2322. 彈簧活塞潤滑器。

2323. 壓蓋，有油槽。

第54節 混合和吸收 （另見第122頁。）

2324. 和麵器，或揉麵機。

2325. 攪拌機。

2326. 糖果甜點的混合機，使用曲柄運轉。

使用複合噴射裝置混合氣體。見§45。

液體的混合由噴射器、攪拌裝置和通

過管道從兩個或多個水龍頭進入混合容器進行。

使用噴射裝置、攪拌裝置混合液體，以及從兩個或多個水龍頭通過管道進入混合容器來運轉這兩類裝置。

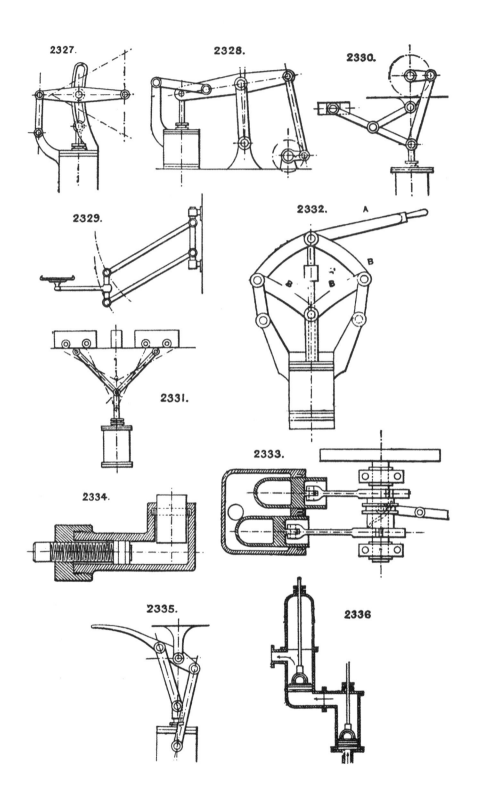

2327.

2328.

2330.

2329.

2332.

A

B

B B

2331.

2333.

2334.

2335.

2336

第 55 節 平行運動 （另見第124頁。）

2327. 指示器記錄頭的平行運動。

2328. 平行運動天平式引擎，有搖擺連桿樑中心。

2329. 氣體等的平行移動擺動支架。

2330. 平行運動。

2331. 平行移動的滑塊、錘子或其他裝置。

第 55 節 泵浦和抽水 （另見第124頁。）

2332. 四動泵。有兩個活塞，一個連接在桿上，另一個連接到由槓桿A和連桿B帶動的套筒。

2333. 可變輸送單動泵。偏心輪可以透過類似#2467的套筒和銷釘運動，繞軸移動180°。當偏心輪相對時，泵不輸送水，但當偏心輪並排時，泵可送出兩個撞鎚的全部內容物。有一個吸取閥和一個輸送閥。

2334. 螺旋泵。用於對撞鎚施加重壓。有時做為輔助，當泵在其動力允許的範圍內施力使撞鎚工作後，對液壓機施加最後的重壓。

2335. 雙動泵。其內活塞和缸體以反向移動，但這個裝置可用於一個泵（固定的）中兩個活塞，如#2332。

2336. 佛蘭西（French）泵。採用鬥形活塞（bucket piston），保持直流，不需反轉或閉鎖。

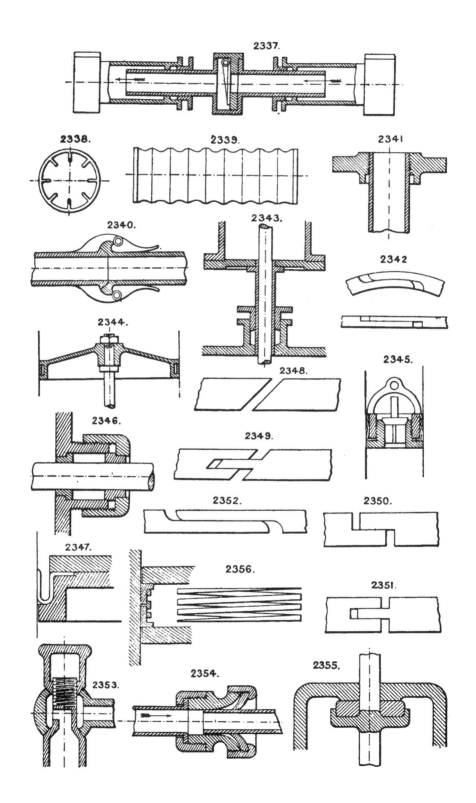

2337.

2338.   2339.   2341

2340.   2343.   2342

2344.   2345.

2346.   2348.

2349.

2352.   2350.

2347.   2356.   2351.

2353.   2354.   2355.

2337. 奧克（Oke）的專利污水泵。簡單易用，具有三個閥。

滑閥或活塞閥偶爾用於輸送泵內的水，但必須無餘面或導程，且須調整準確。

泵的輸送側配置空氣容器，以緩衝水的排放及防止震盪，水無法壓縮。有時也會在吸取側發揮作用，因為此側的揚程相當大。可以用活塞和彈簧代替空氣容器。見 #2121。

需要持續運行，但只是間歇性輸送水的泵，其工作原理是（a）吸取側的氣閥開啟時，停止吸水；（b）吸取和輸送側之間的直通閥開啟時，再次通過輸送側進入吸取側；（c）由輸送側的廢水閥運行。

第 57 節 管道和輸送機 （另見第128頁。）

2338. 鍋爐管，有內肋。瑟夫（Serve）的專利。

2339. 鍋爐管煙氣道。波形，以增加其強度和受熱面。福克斯（Fox）的專利。

2340. 管道接頭，有夾扣。

2341. 管道凸緣，有填隙槽。

撓性管。金屬材質，目前由撓性金屬管路公司（Flexible Metallic Tubing Co.）製造

大部分金屬材質類，包括鋼在內，有各種不同的強度和撓度，從普通橡膠到需要一點力量來彎曲的這種剛性材質。這些管路完全氣密，可承受很大的壓力。

鋼索傳輸。索道車裝置。見 §66。

第 58 節 密封圈、接頭、填料函和活塞 （另見第132頁。）

2342. 活塞環接頭疊接。

2343. 高低壓缸的中間填料函和套筒。

2344. 盆式鋼質活塞。

2345. 鬥形活塞，有閥和馬韁革密封圈。

2346. 填料函，有螺紋帽壓蓋。

2347. 冷水用活塞皮。

2348. 至**2352.**活塞環接頭。

2353. 雙錐接頭。用於蒸氣或水的旋轉接頭。雙錐接頭植入如同蕈形閥。

2354. 管道連接。有橡膠圓盤接頭，用於中等壓力。

旋轉管道接頭。見 #2303。

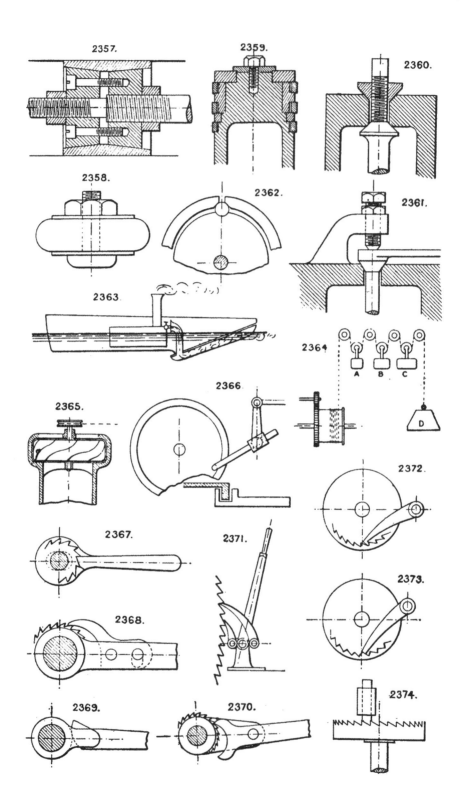

2357.

2359.

2360.

2358.

2362.

2361.

2363.

2364.

A   B   C

D

2365.

2366.

2372.

2367.

2371.

2373.

2368.

2369.

2370.

2374.

2355. 軸環密封圈。用於閥主軸，壓力常會壓縮密封圈。

2356. 有兩個L形環的活塞。運用螺旋彈簧產生垂直和徑向膨脹，使其與汽缸以及壓環緊密接合。

2357. 可調整的活塞或活塞閥。F.H.理查斯（F.H.Richards）的美國專利。

2358. 橡膠膨脹塞。

2359. 燃氣引擎活塞，有三個活塞環和活塞環之間的壓環。

2360. 和2361. 閥主軸接頭。沒有密封圈或填料函，用錐形座和固定螺釘保持緊固。

2362. 活塞（彈簧）環接頭，有帆索環。

第 59 節 推進力 （另見第134頁。）

2363. 蒸氣和空氣噴射。應用於推進船隻。

第 60 節 動力、馬達 （另見第136頁。）

2364. 複合配重馬達。限位下降。可採用如圖所示的幾個配重塊，略微減少對馬達的負重。當配重塊D運作時，C會開始下降，直到所有的配重塊都運作。

2365. 熱風馬達。通過煙氣道上升的熱氣流使渦輪機旋轉。

輕油引擎是採用輕油蒸氣和空氣做為爆炸性混合物的燃氣引擎，不是石油（燃油引擎）或碳化合氫氣（燃氣引擎）。

第 62 節 棘爪和棘輪裝置 （另見第140頁。）

2366. 摩擦夾持棘爪。可應用於輪子，也可用於桿件。

2367. 棘輪曲柄鑽，或進給槓桿。其棘爪是一個固定齒，槓桿開槽，以使棘爪在後衝程中脫離輪齒。

2368. 棘輪曲柄鑽，棘爪開槽。

2369. 同上，有摩擦夾持棘爪。

2370. 同上，無棘爪。手柄與套節臂鉸接，對棘輪做齒輪傳動，藉手柄的運動嚙合與脫開。

2371. 雙動棘爪和槓桿。

2372. 內鉤式棘爪。

2373. 內支柱動作棘爪。

2374. 重力棘爪和冠狀棘輪。

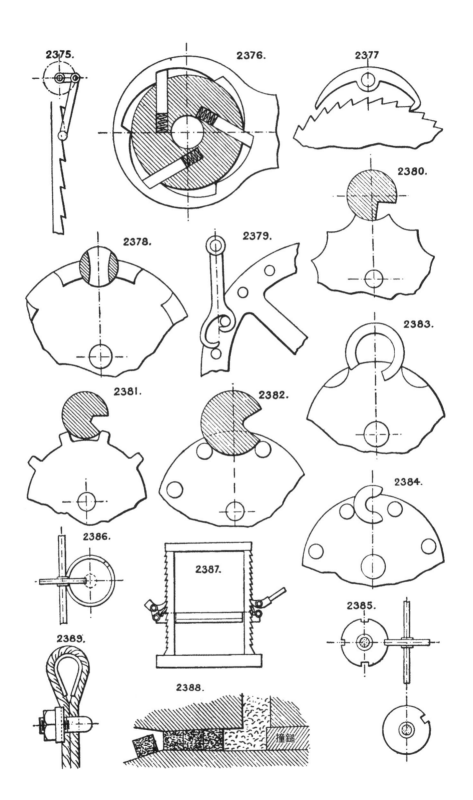

2375. 棘輪齒條，曲柄和連桿，間歇性運動，可加一個掣子使齒條返回。

2376. 棘輪曲柄鑽的內部彈簧棘爪。

2377. 搖擺式擒縱裝置。

2378. 同上。

2379.至2384. 鎖定間歇運動的形式。

2385.和2386. 主軸上的直角間歇性旋轉運動。

第 63 節 壓製 （另見第144頁。）

2387. 乾草、稻草等的槓桿壓製。每側皆有齒條和棘爪，由兩支手槓桿操作。

2388. 煤粉等的連續壓製。撞鎚有一個往復運動，將物料壓入一個錐形艙室，過程的摩擦產生的阻力，足以將物料壓製到所需密度。

第 66 節 繩索傳動 （另見第146頁。）

2389. 繩索的端部連接。使用鎖扣螺栓和板子。

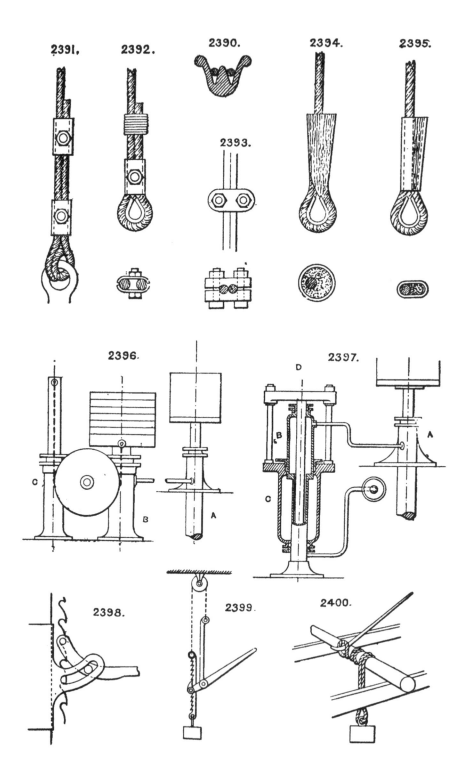

2391. 2392. 2390. 2394. 2395.

2393.

2396. 2397.

2398. 2399. 2400.

2390. 雙V形滑輪輪圈，用於兩根繩索。

2391. 鋼索或麻繩連接，使用兩個螺栓夾。

2392. 類似的連接。使用一個套管和一個螺栓夾以及紮縛或細繩。

2393. 雙螺栓夾，用於鋼索。

2394. 錐形套節端部連接，用於鋼索。將端線剪裁成不同的長度，並在一個點上全部往回折。再將繩索的絞合端塞入錐形套管中，用熔化的鉛或錫來填充空隙。

2395. 同樣的方法用於平錐形套節。

第69節 抬升和下降 （另見第148頁。）

2396. 里奇蒙（Richmond）的專利平衡液壓升降機。A是升降油缸，與平衡油缸B開放式連接，平衡油缸B加重使撞錘A和籠子幾近平衡。對撞錘C加上壓力水，以升高籠子中的負載。

2397. 維谷（Waygood）的專利液壓平衡升降機。A是升降油缸，油缸內部和固定的撞錘B相通；油缸C和撞錘D負載使籠子和撞錘A幾近平衡，並讓壓力水進入油缸C以升高負載。

2398. 槓桿和齒條升降運動。每次上升時，棘爪可往上撐住齒條。

2399. 齒條和槓桿吊掛起重機。可加上一個棘爪或煞車以撐住負載。

2400. 西班牙式絞車。

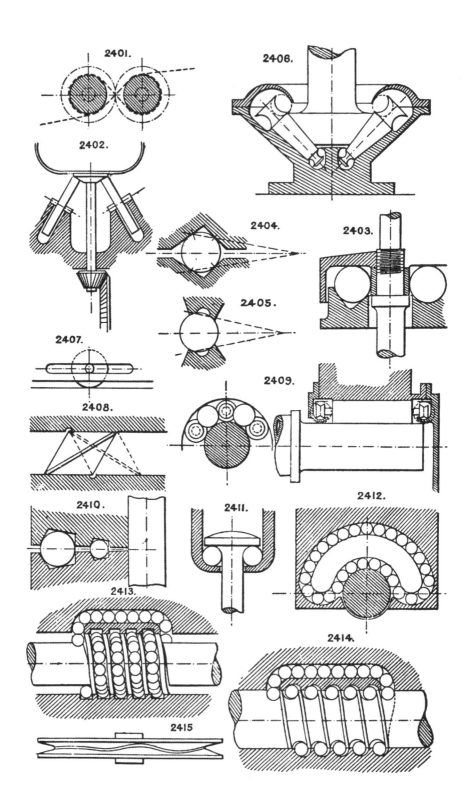

2401. 雙捲揚交筒，同時驅動。繩索繞過兩個捲揚交筒。

「奧的斯（Otis）」低壓升降機（液壓）由一個約36.29公斤（80磅）壓力的頂置空氣儲蓄器運轉，液體靜壓高差約18.14公斤（40磅）。有一條向下總管連接到一個小水槽或密閉容器，泵將水輸送到其中，上升壓力水則從這裡取得。

第 70 節　抗摩擦軸承　（另見第152頁。）

2402. 離心式乳脂分離機等的滾子軸承。平底鍋由三個大滾子對著一個倒置的圓錐體運轉，如圖所示。

2403. 滾珠軸承。用於立軸承。由蓋博瑞·史托克斯爵士（Sir Gabriel Stokes）設計。

2404. 和**2405.**滾珠軸承的溝槽形式，水平運行。圖中顯示溝槽中的軸承接觸點。

2406. 滾子軸承。用於立軸，在錐形滾子端頭之間裝有鋼球，將其分開並減少其間摩擦。

2407. 滾子軸承。用於門或其他有限行程的物品。滾子在地板或軌道上滾行，其主軸沿著溝槽滾動，溝槽的長度與門的行程成一定比例。

2408.雙錐滾子。用於進行水平圓周運動的桌子。

2409.滾子軸承。用於搬運車車軸，滾子兩端之間裝有滾珠而分開滾子並防止內部摩擦。

抗摩擦螺釘。見#2413、# 2414。

抗摩擦蝸輪傳動裝置。見#2451。

2410. 立式滾珠軸承。軸承表面調整以接受滾珠的直接推力。

2411. 懸掛滾珠軸承。

2412. 滾珠或滾子軸軸承。

2413. 懷特（White）的抗磨擦滾珠軸承螺桿和螺帽，西元1822年。方螺紋螺桿，滾珠繞著螺紋移動，通過環槽再回到另一端。

2414. 利勃（Lieb）的抗摩擦螺桿和螺帽，與前一項類似，但有凹槽螺桿，西元1890年。

第 71 節　繩索、皮帶和鏈輪　（另見第152頁。）

2415. 繩索拉緊滑輪。迪爾登（Dearden）的專利。

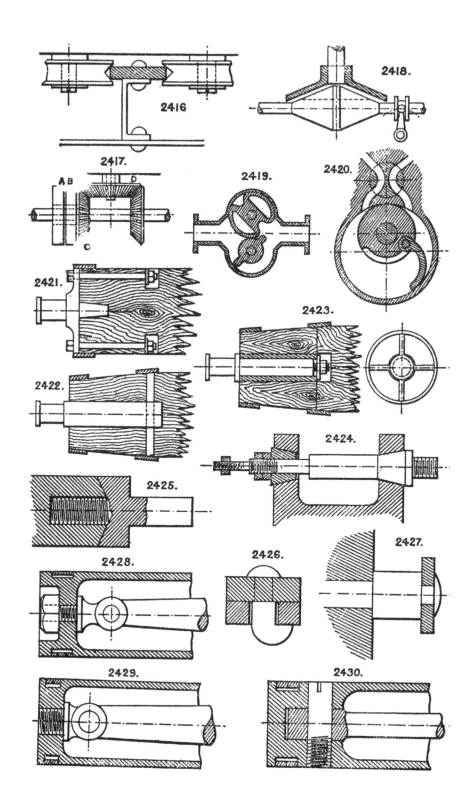

2416

2418.

2417.

A B D

C

2419.

2420.

2421.

2423.

2422.

2424.

2425.

2428.

2426.

2427.

2429.

2430.

第 73 節　鐵路和電車路　（另見第156頁。）

2416. 中央軌道。有摩擦夾鉗，用於中度斜坡。

齒軌鐵路。用於角度陡峭的斜坡，在某些情況下是40°，採用中央齒軌（除普通軌道外），引擎有鋼製齒輪裝置，搭上齒軌內切削的齒。

第 74 節　反向裝置　（另見第158頁。）

2417. 使用一條皮帶和兩個滑輪在同一軸上做反向運動。A定置於軸上，B則定置在斜面輪C，D在固定的螺栓上運轉。

2418. 摩擦圓錐在軸上以直角做反向運動。

第 75 節　轉子馬達　（另見第160頁。）

2419. 轉子雙活塞馬達、泵或儀表。可朝兩方向之任一方運行。

2420. 轉子馬達。有鉸鏈式蒸氣橋座。

第 76 節　軸系　（另見第164頁。）

2421. 木軸用的鐵製中心。用端板、四根有凹槽螺帽的螺栓和一條軋製鐵帶固定。

2422. 木軸用的鐵製中心。打入一個中央搪孔，並由一個十字開口銷和兩條軋製鐵帶固定。

2423. 木軸的鐵製中心。銷釘打入一塊十字鐵，十字鐵也以橫向切口契合方式打入軸的端部，並由兩條軋製鐵帶固定。

第 77 節　心軸和中心　（另見第164頁。）

2424. 車床快速車頭主軸。圖中顯示錐形軸頭和調整器。

2425. 鬆置的端部中心與軸的連接。錐形軸端，可防止中心的截面應變造成爆孔。

2426. 鉤式中心銷，容易脫開。

2427. 螺柱中心，用墊圈鉚接或用螺帽固定。

2428. 撞鎚或筒狀活塞中心，用於連桿，以內螺帽固定。

2429. 撞鎚或筒狀活塞中心，用螺釘鎖入活塞內。

2430. 撞鎚或筒狀活塞中心，一個橫向銷釘直接穿過活塞。

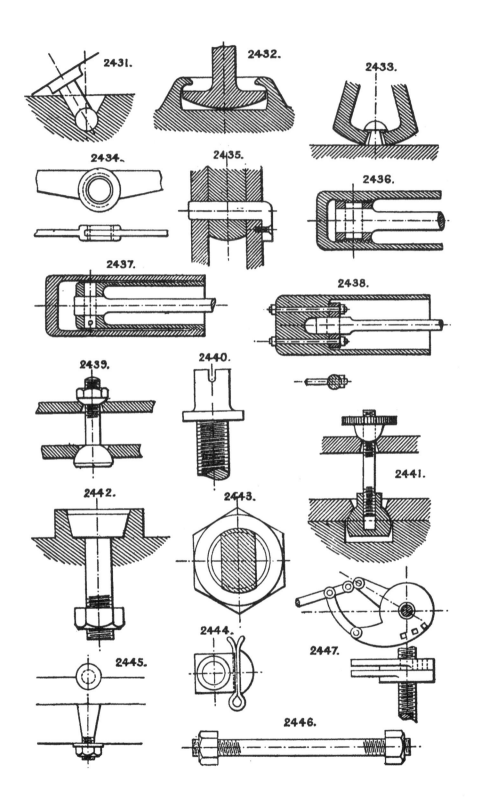

2431. 擺動球中心。

2432. 搖擺式或擺動式中心。

2433. 搖擺式或擺動式中心。

2434. 小孔中心，用於兩支或多支槓桿。

2435. 中心銷，有凸耳和螺釘，防止運轉中脫落。

2436.、2437.和2438.連接筒狀活塞或撞鎚內的連桿中心的方法。

第78節 螺旋齒輪、螺栓等 （另見第168頁。）

2439. 球頭螺栓和螺帽，可直線拉伸。

2440. 通用螺栓頭。

2441. 球形接頭螺栓和螺帽。

2442. 平頭錐形螺栓。

2443. 缺口螺釘和螺帽。

2444. 螺帽鎖。由固定的凸耳和開尾銷組成。

2445. 錐形螺栓。用於精確地固定和鎖上機器的兩個部分。

2446. 雙螺帽螺栓。用圓鐵即可製成。

2447. 槓桿和複合螺帽。對螺桿產生很大的槓桿作用，例如用於沖床。一個螺帽臂做為支點，槓桿利用支點推動另一循環。 階梯式棘爪的作用是防止在移動第二個螺帽時鬆開第一個螺帽。

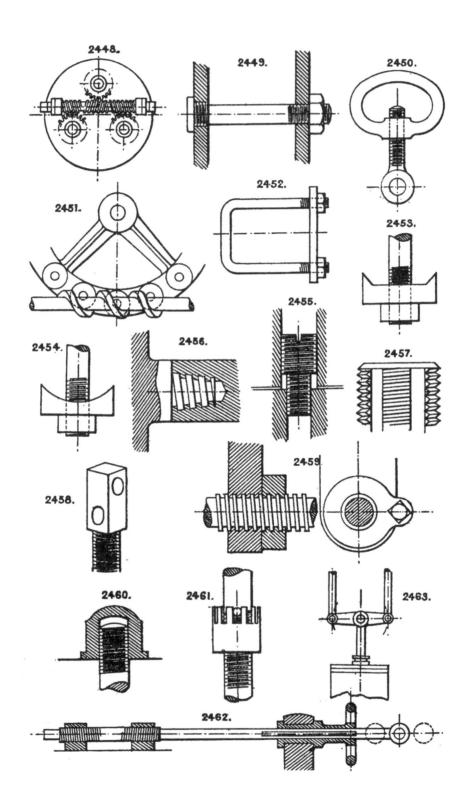

2448.

2449.

2450.

2451.

2452.

2453.

2454.

2456.

2455.

2457.

2458.

2459.

2460.

2461.

2463.

2462.

2448. 螺旋齒輪。以同方向運轉三個蝸輪，用於夾頭等。

2449. 螺紋拉條螺栓。做為鍋爐板等的距離拉條。

2450. 環首螺釘和手柄螺帽。

2451. 抗摩擦蝸桿傳動裝置。蝸輪有摩擦滾子在銷釘上運轉，銷釘與蝸桿嚙合。

2452. 鎖扣螺栓和墊圈板。

2453. 底腳板墊圈。用於木料。

2454. 底腳板墊圈。用於木料。

2455. 埋裝固定螺釘。有異節距螺紋，用於接合兩片板或兩物件。

2456. 錐形螺釘。可快速鬆開。

2457. 缺口螺釘。滑入對應螺紋區段被切去的螺帽中，並以部分轉動來固定。用於火砲的後膛件。

2458. 螺栓頭。有橫向孔，用於普通的「貫頭」扳手。

2459. 背隙螺帽。用於方螺紋螺釘。

2460. 銜螺帽。

螺旋止進器。見#2544。

2461. 有槽螺帽和固定銷釘。用於微調或防止磨損。

鎖緊螺帽。通常使用兩個螺帽，最厚的一個在最外面。有許多防止因振動而鬆動的專利螺帽設計的形式。

螺帽可用白合金或黃銅鑄造在螺絲周圍。

第79節 滑塊和其他閥齒輪 （另見第172頁。）

2462. 截止裝置，兩個類似於#1456的截止閥，由構成閥主軸導套的外部手輪調節。

2463. 閥的雙動運動，由兩桿件之一操作，利用另一桿件為支點。

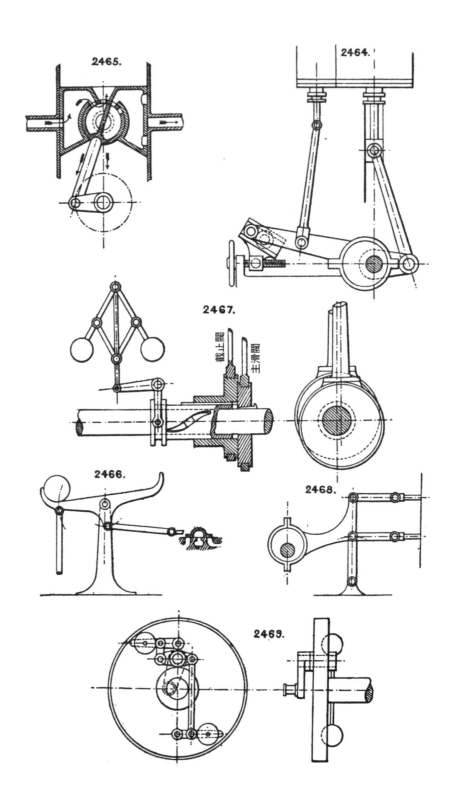

2465.

2464.

2467.

截止閥　主滑閥

2466.

2468.

2469.

2464. 閥裝置。有單偏心輪和可變行程，可用手輪調整。偏心輪驅動一個滑塊在槽中來回移動，由手輪控制的搖擺運動來改變槽相對於滑閥中心線的角度。

2465. 紐沃爾（Newall）的高速引擎。單動式。在這個引擎中，連桿筒中心和活塞製成如圖所示的蒸氣配送。

2466. 汽門的反向運動。動力只將閥移動到一半行程或中間位置，如滑閥液壓引擎內所示（見#1026），再滾動配重完成運動（另見#1740）。

2467. 自動或調速器截止裝置。調速器操作套筒，套筒繞著固定在曲柄軸的銷釘做螺旋運動；套筒上的平行滑鍵轉動截止偏心輪，改變截止閥的行程。滑閥的形式為#1456。

2468. 偏心運動，操作兩個滑閥。

2469. 曲柄軸調速器。離心裝置帶動外部的曲柄，曲柄連接到偏心桿，而非槽輪和吊帶。加上一個彈簧使曲柄回到全開位置。

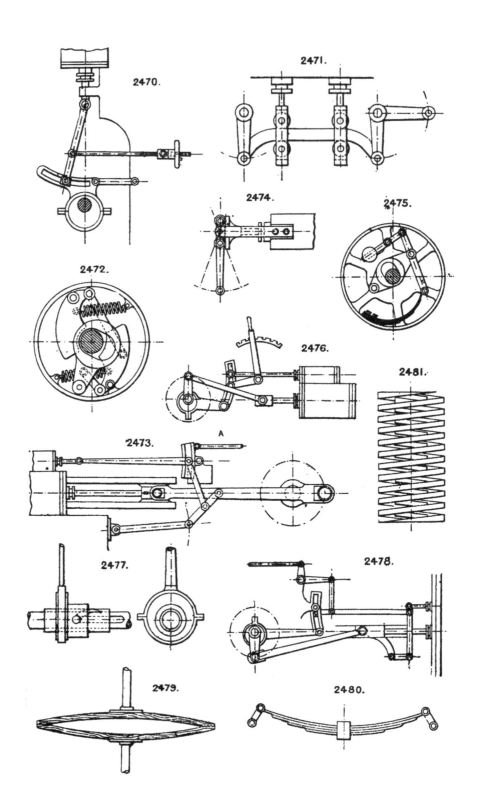

2470.

2471.

2472.

2473.

2474.

2475.

2476.

2477.

2478.

2479.

2480.

2481.

A

2470. 單偏心輪可調整截止裝置。用於「芬克（Fink）」連桿裝置。普通D形閥能對任何截止閥提供均等的蒸氣配送。閥的行程由手輪調節。

2471. 凸輪桿運動，用於操作液壓啟動閥使用的兩個閥。

2472. 曲軸調速器截止裝置，兩個鉸鏈式離心配重，以連桿與截止偏心輪槽輪相連接，並利用彈簧返回全開位置。

2473. 喬伊（Joy）的機車閥裝置。由連桿操作。連桿A連接到啟動槓桿，使滑閥反向、改變或停止配送蒸氣，如同一般的連桿運動。

2474. 槓桿和T形十字頭。透過槓桿向右或向左運動來開啟閥。另見#2463。

2475. 曲柄軸調速器（史威特〔Sweet〕教授的發明），截止裝置，改變截止偏心輪的嚙合與脫開。

2476. 反向連桿運動，單偏心輪。槽連桿與反向槓桿鉸接。

2477. 套筒和偏心輪運動，用於調速器截止。內套筒（最長）從調速器沿軸內的直滑鍵槽進行縱向運動，其週邊有一螺旋槽，偏心輪套筒上的銷釘或滑鍵伸入其中，進而內套筒的縱向運動使偏心輪旋轉，改變截止滑塊的行程。

2478. 沃爾舍茲（Walschaerts）閥裝置。一個偏心輪。開槽連桿中心掛著固定的鉸鏈銷，反向裝置使環塊在槽連桿向上或向下移動。

閥的後凸緣或側凸緣上的齒條和小齒輪可帶動滑閥，或是用螺絲和螺帽帶動。螺帽放進凹槽內的閥體中。

第 80 節　彈簧　（另見第178頁。）

2479. 槍木或樺樹製的彈簧。

2480. 馬車彈簧。有斜交連桿懸吊。這比垂直法更能提升彈簧的發揮和作用。

2481. 雙層壓縮彈簧。兩套彈簧的捲繞方向相反。

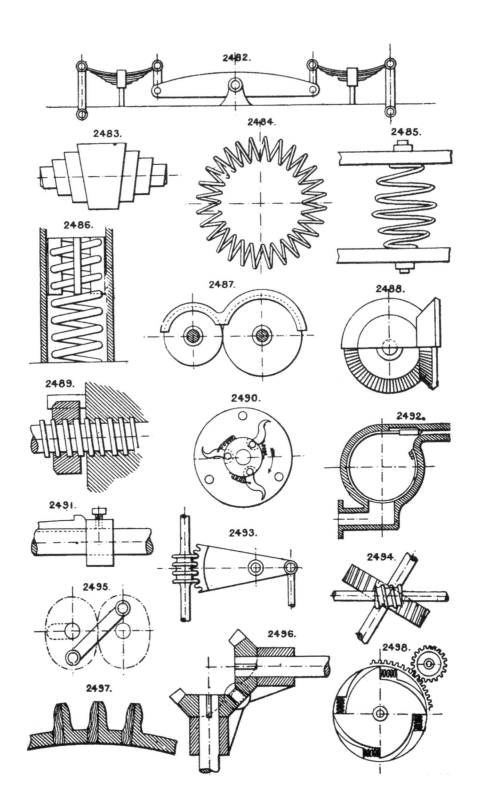

2482.

2483.

2484.

2485.

2486.

2487.

2488.

2489.

2490.

2492.

2491.

2493.

2494.

2495.

2496.

2497.

2498.

2482. 平衡槓桿。用於分配兩個車輛彈簧的負載。

2483. 雙端渦形彈簧。用於壓縮。

2484. 彈簧箍。

彈簧活塞環。見§58。

2485. 圓錐螺旋彈簧。

2486. 可調整螺旋彈簧。頂部的墊圈下面有 4 個葉片，配合彈簧線的直徑和螺距鑽孔，彈簧線穿過葉片後，只要被葉片固定，就不會有動作。因此，這個設備用於縮短或延長螺旋彈簧的活動或作用部分。

第 81 節　安全裝置　（另見第182頁。）

2487. 正齒輪的防護裝置。

2488. 斜齒輪的防護裝置。

2489. 安全螺帽。用於運行中的螺釘。在主螺帽的螺紋因磨損而鬆動之前，螺帽不承受任何應變。

火災警報器（自動）的作用取決於溫度上升是否超過正常的最大值。

在液壓升降機油缸的管道連接處插入隔膜，僅以適度的速度接收或排放水，以便在發生爆裂時，升降機不會下降過快。

止回閥或單向閥。用於將任何來自液壓機器或破損的突發衝擊限制在局部管道上。

釋放閥適用於所有液壓系統，可消除衝擊的影響。

懸吊式升降機上經常使用額外的鋼索做為安全繩。

2490. 安全離心鉤。用於轉速過高時鉤住旋轉軸。鉤子飛出與固定圓盤上的銷釘結合。

繩索防護板、隔板、護欄等。是保護人員免受吊升和繩索傳動裝置中繩索運行的傷害的必要裝置。

2491. 軸環和固定螺絲。防止鍵脫出。有時僅使用一個固定螺絲鎖入軸中來達成。

第 82 節　蒸氣祛水器　（另見第184頁。）

2492. 蒸氣祛水器。藉由一隻彎曲棒的膨脹來關閉進氣閥。

第 84 節　齒輪傳動　（另見第186頁。）

2493. 圓齒條（旋轉）和扇形，用於調速器。

2494. 歪斜蝸桿和齒輪。

2495. 橢圓齒輪。連接在一起。

2496. 斜方齒輪。軸的角度可變。兩個軸承

一起鉸接在一對輪子的螺距線上。

2497. 木皮正齒輪。以木皮接觸運轉所以能保持安靜。木皮可換新，如同樺齒一樣。見#1352和#1353。

2498. 彈性正齒輪，防止背隙。

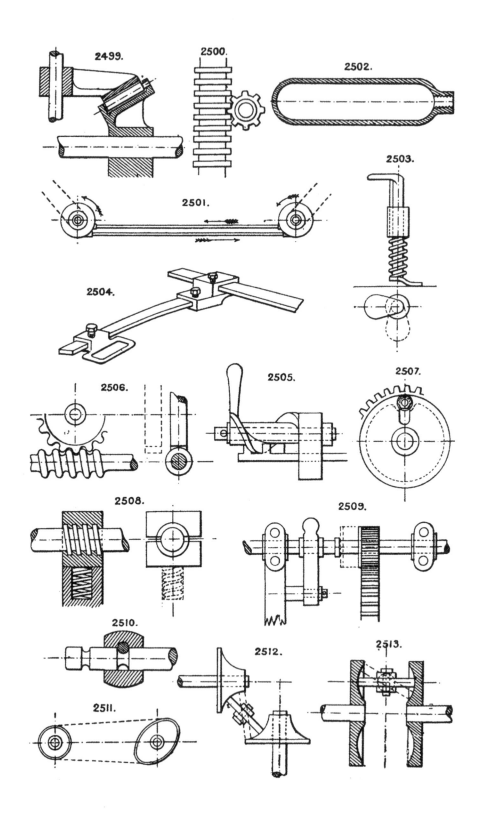

2499. 2500. 2502.

2501. 2503.

2504.

2506. 2505. 2507.

2508. 2509.

2510. 2512. 2513.

2511.

2499. 斜齒輪，一對輪子中的一個輪子有滾銷齒。

2500. 圓齒條與小齒輪。齒條可不受垂直運動影響而自行旋轉。

第 85 節 動力傳輸 （另見第192頁。）

2501. 液壓傳輸，由兩個馬達（旋轉式）進行，見§75，一個是驅動馬達，另一個是被驅動馬達，其間由兩個管道連接，機油或水通過管道保持從一個馬達到另一個馬達的循環。

第 86 節 水槽、水箱和儲水罐 （另見第192頁。）

2502. 鋼瓶。用於壓縮氣體等。

桶和木桶。用作水槽。

酒桶和洗選桶。由木板併成的大木桶，每固定間隔有一個箍。

方形或長方形的洗選桶。由木頭構成，用長螺栓固定在一起，或是石板用類似的方式固定構成。

複合水槽。在不方便使用或豎立大水槽的地方，使用循環管道將幾個較小的水槽連接在一起。

第 87 節 齒輪嚙合與脫開 （另見第192頁。）

2503. 壓腳。用於縫紉機，或間歇性夾持任何平坦的物品。從齒輪脫開，由滑動套座上的滑鍵端頭夾持。

2504. 皮帶移動桿。可往任一方向調整。

2505. 旋轉蝸桿。用於操作皮帶移動桿，同時將其鎖定。

2506. 可以在其軸上向側邊移動輪子來嚙合與脫開蝸桿。

2507. 螺栓和槽的裝置。在一個軸上一起帶動兩個輪子，用於車床頭。

2508. 對開螺帽。用於齒輪嚙合與脫開，有螺釘，並裝有彈簧，以防止螺帽的磨損。

2509. 滑動軸。用於絞車或其他齒輪，使小齒輪脫離齒輪或變為其他速度（如 #2293）。

2510. 鎖定滑動軸嚙合與脫開齒輪的另一種方法。

第 88 節 可變運動和動力 （另見第194頁。）

2511. 可變皮帶傳動。由橢圓滑輪驅動。

2512. 可變傳動。由中間摩擦輪和兩個成直角的摩擦錐體驅動。

2513. 同樣的裝置應用於同一軸上反向運轉的兩個圓盤。

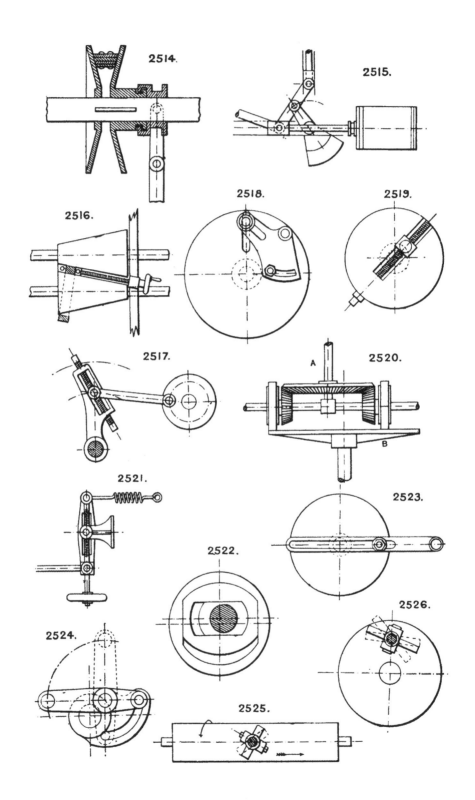

2514.

2515.

2516.

2518.

2519.

2517.

2520.

A

B

2521.

2523.

2522.

2524.

2526.

2525.

2514. 可變驅動。藉由在錐盤之間運轉的V形皮帶帶動，可以利用手槓桿或螺桿運動來改變錐盤之間的空間。

2515. 可變補償配重和平行運動。用於蒸氣引擎，紐約M.N.福尼（M.N.Forney New York）於1893年開發。

2516. 可變錐體驅動。埃文斯（Evans）的可變摩擦齒輪，一個鬆弛的滑鍵帶，使用手螺桿進行穿越運動，形成錐體之間的夾持媒介。

2517. 可變半徑槓桿，以曲柄運動操作，使軸做可變角度的往復運動。

2518. 可變曲柄銷，使用扇形和螺栓調整。

2519. 可變曲柄銷，由橫向螺釘調整。

2520. 可變驅動摩擦齒輪，改變摩擦小齒輪相對於圓盤B的位置，而給斜齒輪軸A可變的速度。

2521. 可變調整裝置，用於螺旋彈簧。

2522. 可調整中心件或軸承，用於主軸或桿。

2523. 可變半徑手搖曲柄。

2524. 可變行程曲柄銷。

2525. 可變運動。摩擦輪在旋轉的圓柱體或軸上進行，角度可以改變。

2526. 類似的運動。在旋轉的圓盤上進行。

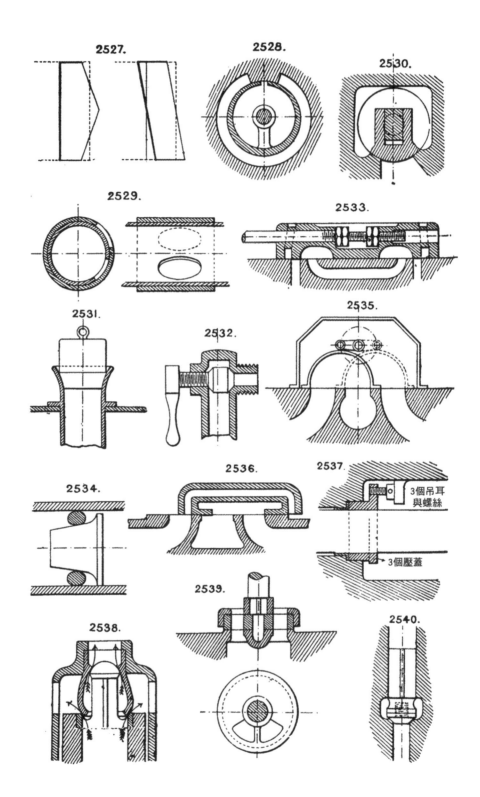

2527.

2528.

2530.

2529.

2533.

2531.

2532.

2535.

2534.

2536.

2537.

3個吊耳
與螺絲

3個壓蓋

2539.

2538.

2540.

324

第89節 閥和旋塞 （另見第198頁。）

2527. 滑閥接口，漸進式截止。

2528. 活塞閥截面，見#1654。彈簧圈不能在
接口間順暢運行，而這種結構免去彈簧
圈，整個閥被彈入孔中。

2529. 管路氣閥，可藉由旋轉或縱向運動來
開啟和關閉。

2530. 科利斯（Corliss）閥。有矩形搖擺主
軸。

2531. 引水槽閥。

2532. .雙錐閥，用於蒸氣或水。開啟時可封
閉繞螺桿的洩漏，不需要密封圈。

2533. 雙接口滑閥。

2534. 圓錐塞和橡膠圈，用於堵塞管道。

2535. 換向閥，用於煤氣或空氣鼓風。

2536. 滑閥，使接口開口寬、行程短。

2537. 可拆卸的閥座或壓蓋，由閥箱內的三
個固定螺絲和吊耳固定。

2538. 安全閥，有雙球形接頭閥座，由載重
量壓住，掛在外殼上。

2539. 擺動式環閥。

高壓液壓滑閥現在由硬木製成，如鐵梨
木。在青銅面上運行。木閥有時封裝在青銅
本體或吊帶內。

2540. 液壓高壓閥，有可再生的面。

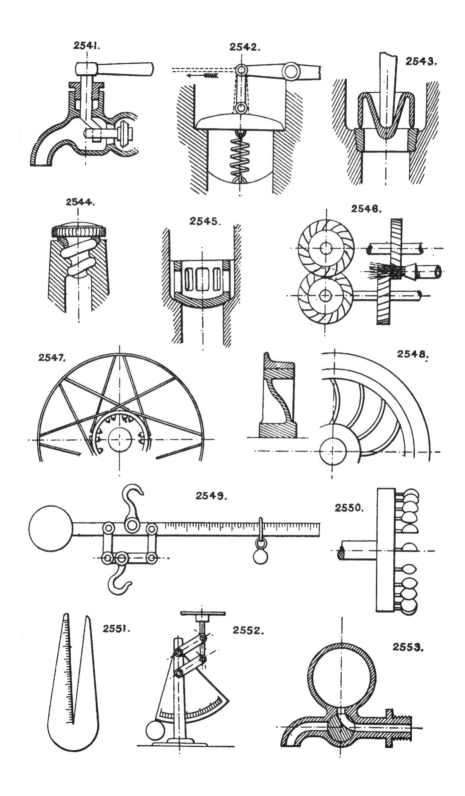

2541.

2542.

2543.

2544.

2545.

2546.

2547.

2548.

2549.

2550.

2551.

2552.

2553.

2541. 水龍頭。使用曲柄運動開啟和關閉普通蕈形閥。

2542. 彈簧壓緊閥。開啟方式可如圖所示提升，或朝任一方向水平拉動，拉桿與閥中心的固定螺柱頂部相連，接著閥在開口處傾斜。

2543. 安全閥，有刀刃邊。

2544. 螺旋塞式瓶塞。（寇德〔Codd〕的專利。）

2545. 盆式格柵閥。

第90節 水車和渦輪機 （另見第208頁。）

2546. 噴水雙渦輪馬達。

第91節 輪分段 （另見第212頁。）

2547. 星形輪或張力輪。自行車輪的構造就是根據這個原理，芝加哥和伯爵府（Chicago and Earl's Court）的大輪子也是。這種類型有許多細分類。

2548. 鋼製鐵道車輪。用碟形網。軋製鐵或鋼製碟式飛輪現在有些情況下取代了採用輪幅的車輪。

飛輪輪緣的結構也是用軋製鐵條繞成圓圈並鉚接在一起，或用粗鋼絲捲成圓圈再用鋼帶固定。

第92節 秤重和測量 （另見第214頁。）

2549. 差動式秤重樑。下部的吊鉤懸掛在非常接近上部吊鉤的中心線的位置，用一個短刻度臂進行緊密的調整。

2550. 測量輪或進料輪，用於種子等。小杯浸入材料中，將其輸送到卸洩槽上。

均流調節器，用於水龍頭。見#2204a。

2551. 電線和片材V形量具。

2552. 天平。有角度砝碼和刻度區。

2553. 測量水龍頭。

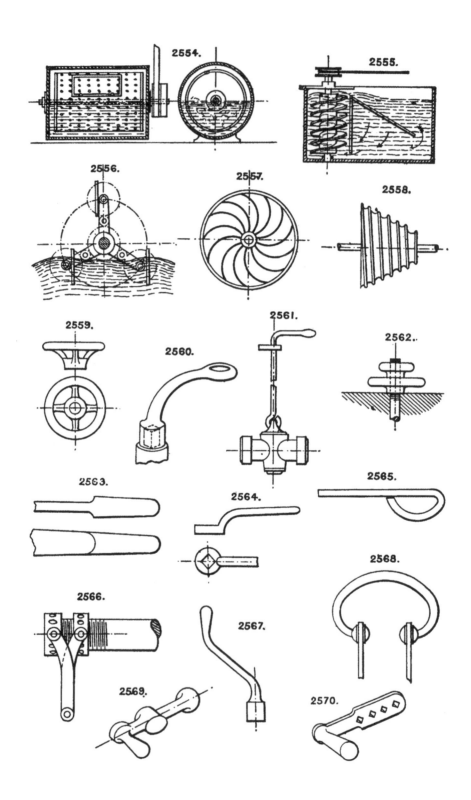

2554.

2555.

2556.

2557.

2558.

2559.

2560.

2561.

2562.

2563.

2564.

2565.

2566.

2567.

2568.

2569.

2570.

第94節 清洗 （另見第216頁。）

2554. 旋轉式洗衣機。其構造內部一個有孔的滾筒，在固定的筒內或其他裝有肥皂和水的容器內，以交替變換方向旋轉。

2555. 阿基米德循環器（Archimedean circulator）。用於清洗槽。

第95節 風車和活葉輪 （另見第218頁。）

2556. 可調葉片明輪，或潮輪。其主軸端部的正齒輪保持三個浮子垂直，固定的中央正齒輪帶動空轉小齒輪，再與主軸端部正齒輪連動，固定的中央正齒輪大小與浮子上的正齒輪相同。

2557. 風力渦輪機。葉片按#1967成形，以接受平行於軸線的風。

風車裝有自動調節裝置，可根據風力和風向調整其角度面積和方向。

第96節 捲揚設備 （另見第220頁。）

2558. 圓錐輪，用於圓形繩索。

第97節 把手、手輪、鑰匙和扳手 （另見第220頁。）

2559. 盤式手輪。

2560. 彎曲的把手，有環形端部。

2561. 把手鑰匙，用於旋塞。

2562. 手輪鎖緊螺帽，用於旋入螺栓或其他緊固件。

2563. 錐形把手。

2564. 曲柄鑰匙或扳手。

2565. 環圈把手，用於普通槓桿。

2566. 鉸鏈扳手，用於緊固螺帽或螺紋壓蓋，有銷孔或凹槽緣。

2567. 曲柄把手，偏位。

2568. 弓形把手，可以做成固定式或可旋轉。

2569. 平衡式手搖曲柄。

2570. 手搖曲柄，有改變半徑的孔。

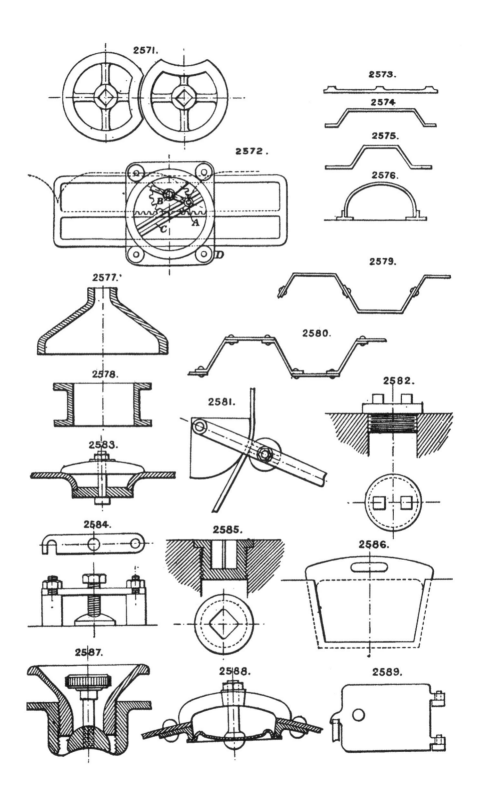

2571.

2572.

2573.

2574.

2575.

2576.

2577.'

2578.

2579.

2580.

2581.

2582.

2583.

2584.

2585.

2586.

2587.

2588.

2589.

2571. 鎖定手輪。用於閥。只能按一定順序
　　移動。

第98節 繪製曲線的設備 （另見第224頁。）

2572. 擺線儀。在四個滾子D之間旋轉的開
　　放式圓盤中，鉛筆固定在一支滑動桿A

上，在小齒輪主軸B上的套管中滑動，
也受力而沿著槽C行進。

第99節 結構中使用的材料 （另見第224頁。）

2573. 肋板或電車板。

2574. 槽形板，用於地板橋等。

2575. 同上。

2576. 同上，彎曲。霍布森（Hobson）的專
　　利。

2577. 軋製鐵或鋼製碟形活塞鍛件。

2578. 軋製鐵凸緣人孔鍛件。

2579. 槽式地板。

2580. 同上。

　　鐵板和鋼板——必須先知道一般價格下的尺寸和重量，因為經常需要發揮材料的最大效益、節省製作接頭的成本。接頭常以鉚接的方式製作，並不是因為有鉚接的需要，而是因為鉚接的成本比單板低。這類資訊只能從鋼鐵製造商提供給業界的價格表中獲得。

　　「最大尺寸」的含義是這樣的：以 $1\frac{1}{2}$ 英吋*的板子為例，價格表中最大尺寸是長40英呎，寬10英呎，但不可能有40英呎乘10英呎的板子，因為這樣一來就會有400英呎的標準面積，而價格表限制面積150英呎。然而在長度40英呎、寬度10英呎的限制範圍內，任何長度還是寬度都有其對應的面積可供應。最大面積除以不超過最大值的任何英呎長度，就可以得到該長度下的最大寬度；最大面積除以不超過最大值的任何英呎寬度，就可以得到該寬度下的最大長度。因此，150英呎的面積除以最大長度，即40，得到3英呎9英吋的板寬。或是150英呎除以最大寬度，即10，得到15英呎的板長。而對於超過這些最大尺寸的板材，必須進行特殊報價。但沒有任何板材可以同時包含最大的長度和最大的寬度。

　　同樣地，在提到「額外收費」時，必須謹記許多要點。就此以形狀而言，任何不同於矩形的形狀都是額外收費項目，如錐形板、草圖，即任何不規則的輪廓，還有圓形。在這個標題下，額外收費可能是每噸25先令左右。至於厚度，$\frac{1}{4}$ 英吋厚以下的板材即是額外收費項目，每噸多出10到20先令。至於寬度和長度，則訂有相當特殊的條款，可能每3英吋就達到5先令，這是一個嚴重的品項。而在重量方面，超過約4,000磅的鋼板要額外收費，每500磅約5先令。

註：單位換算1英吋＝2.54公分，1英呎＝0.3048公尺；1磅＝453.59237克。

舉例來說，蘇格蘭鋼鐵公司（The Steel Co.of Scotland）軋製鋼板厚度從 $\frac{1}{16}$ 英吋到 $1\frac{1}{2}$ 英吋，前者的面積為30英呎，依序到後者為150英呎。厚度以 $\frac{1}{32}$ 英吋為單位，開始遞增到 $\frac{3}{16}$ 英吋，接著以 $\frac{1}{16}$ 英吋為單位遞增到 12 英吋，再以 18 英吋為單位遞增到 $\frac{1}{2}$ 英吋。下表將提出其尺寸限制的想法，一般而言，這可能被視為相當典型的鋼板。從中可以看出，我只列出上述的幾種厚度。

厚度	長度		寬度		面積	厚度	長度		寬度		面積
英吋	英呎	英吋	英呎	英吋	英呎	英吋	英呎	英吋	英呎	英吋	英呎
$\frac{1}{8}$	22	0	5	0	50	$\frac{3}{4}$	40	0	9	3	140
$\frac{1}{4}$	33	0	6	3	90	1	40	0	10	0	150
$\frac{3}{8}$	38	0	7	4	100	$1\frac{1}{4}$	40	0	10	0	150
$\frac{1}{2}$	40	0	8	3	110	$1\frac{1}{2}$	40	0	10	0	150

大衛‧科爾維爾父子公司（David Colville and Sons）軋製板厚度從 $\frac{1}{4}$ 英吋到 $1\frac{1}{2}$ 英吋，前者面積為80英呎，後者為140英呎，中間有其他尺寸。但可做特殊安排，將 $\frac{1}{4}$ 英吋厚的板材軋製到140英呎的面積，而 $1\frac{1}{2}$ 英吋的板材可以軋製到170英呎。船板的重量限制為3,000磅，鍋爐板是4,000磅。可以按特殊價格軋製板材，最重每塊達 $6\frac{1}{2}$ 噸。板材不可能按重量精確軋製，通常容許鍋爐板超重2.5%至5%的誤差，普通板則低於或超過。

派克黑德鋼鐵廠（The Parkhead Steel Works）軋製 $\frac{1}{16}$ 英吋板的最大面積可達36英呎，$\frac{1}{4}$ 英吋板為70英呎，$\frac{1}{2}$ 英吋板為110英呎，$\frac{3}{4}$ 英吋板為140英呎，1英吋板為150英呎，$1\frac{1}{4}$ 英吋板為150英呎。船板的限重為2,000磅，鍋爐板為 4,000磅。超過這些重量，每500磅收取5先令，不足500磅以500磅計。

維爾代爾鐵煤公司（The Weardale Iron and Coal Co.）軋製的鋼板厚度從 $\frac{1}{4}$ 英吋到 $1\frac{1}{2}$ 英吋，前者最大面積為60英呎，後者是120；最大長度30英呎，最大寬度8英呎。圓形板材從 $\frac{1}{4}$ 英吋厚、5英呎6英吋直徑到 $1\frac{1}{2}$ 英吋厚、8英呎6英吋直徑也可軋製。所有的普通厚度，也就是介於這兩者之間，都可以軋製。

伯爾可-法漢公司（Bolekow, Vaughan and Co.）的鋼板限重和最大尺寸是 1,800 磅，面積80平方英呎，長度23英呎，寬度12英吋至60英吋。額外收費是，重量超過1,800磅，每一百磅10 先令，不足一百磅以一百磅計；長度超過23英呎，每英呎5先令，不足一英呎以一英呎計；超過80平方英呎，每平方英呎1先令。

約翰布朗公司，雪菲爾（JohnBrown and Co., Sheffield）軋製鋼板厚度從 $\frac{1}{8}$ 英吋到 $1\frac{1}{4}$ 英吋。以下提供一些特選的厚度。

厚度	長度		寬度		面積	厚度	長度		寬度		面積
英吋	英呎	英吋	英呎	英吋	英呎	英吋	英呎	英吋	英呎	英吋	英呎
$\frac{1}{4}$	30	0	6	0	72	$\frac{3}{4}$	40	0	9	6	180
$\frac{3}{8}$	35	0	6	9	120	1	40	0	9	6	180
$\frac{1}{2}$	40	0	8	0	130	$1\frac{1}{4}$	40	0	9	6	180

相同厚度的圓形和方形板材可按以下方式軋製：

厚度	直徑		平方		厚度	直徑		平方	
英吋	英呎	英吋	英呎	英吋	英吋	英呎	英吋	英呎	英吋
$\frac{1}{4}$	6	6	6	6	$\frac{3}{4}$	10	6	9	9
$\frac{3}{8}$	7	0	7	0	1	10	6	9	9
$\frac{1}{2}$	8	3	8	3	$1\frac{1}{4}$	10	6	9	9

　　大衛·科爾維爾父子公司（David Colville and Sons）的達爾澤爾（Dalzell）鋼鐵廠在鋼製鍋爐和船板的額外收費上有所區別。對寬84英吋以下鍋爐板收取普通價格，但對船板僅72英吋以下。超過這些寬度，每3英吋以每噸收取5先令，不足3英吋以3英吋計。鍋爐板的限重是4,000磅，船板則是3,000磅；超過部分，每500磅以每噸收取5先令，不足500磅以500磅計。鍋爐端部和爐冠用的圓形板材由大衛·科爾維爾父子公司軋製，以普通價格供應：厚度34英吋，直徑9英呎10英吋；$\frac{11}{16}$英吋，9英呎6英吋；$\frac{5}{8}$英吋，9英呎；以及$\frac{9}{16}$英吋，8英呎6英吋。

　　我提出以下做為通常的鐵板限制尺寸的一個樣本：包括由里爾斯豪公司（Lilleshall Company）軋製的一些特選的斯內希爾（Snedshill）板，該公司是施洛普郡（Shropshire）最知名的廠家之一。其軋製的鐵片和鍋爐板的厚度從$\frac{1}{16}$英吋到1英吋，以$\frac{1}{32}$英吋為單位遞增到$\frac{3}{16}$英吋，再以$\frac{1}{16}$英吋為單位遞增到1英吋。

厚度	長度		寬度		面積	厚度	長度		寬度		面積
英吋	英呎	英吋	英呎	英吋	英呎	英吋	英呎	英吋	英呎	英吋	英呎
$\frac{1}{4}$	30	0	5	0	5	$\frac{5}{8}$	30	0	6	0	80
$\frac{3}{8}$	30	0	5	6	7	$\frac{3}{4}$	30	0	6	0	80
$\frac{1}{2}$	30	0	6	0	8	1	30	0	6	0	80

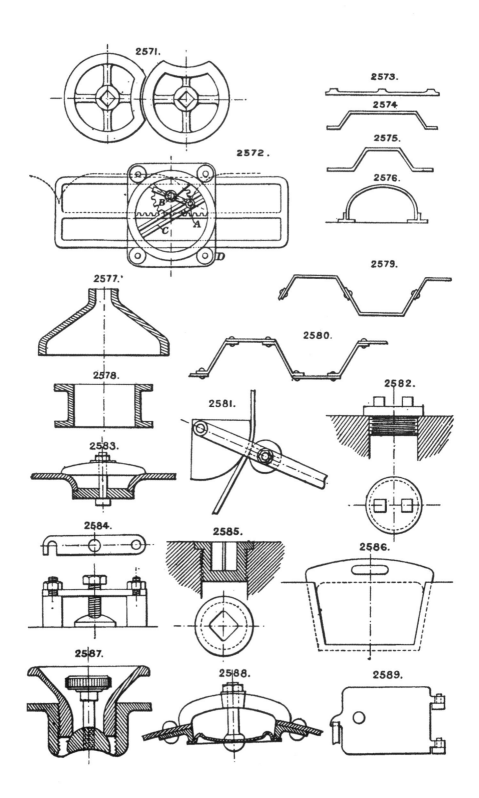

2571.

2573.

2574

2575.

2576.

2572.

2577.'

2579.

2580.

2578.

2581.

2582.

2583.

2584.

2585.

2586.

2587.

2588.

2589.

可以看出鐵的尺寸限制比鋼的尺寸限制小得多。

巴特利公司（Butterly Company）同時軋製鐵板和鋼板。重量和尺寸限制如下：鐵製鍋爐品質是800磅，超過這個限度，額外的價格分別是，20先令、40先令、60先令、80先令，各為從800磅到1,000磅，1,000磅到1,200磅，1,200磅到1,400磅，和1,400磅到1,600磅。對於橋樑品質，限制為1,000磅，額外收費訂為20先令和40先令，分別是1,000磅到1,200磅，以及1,200磅到1,600磅。面積60英呎，每10英呎20先令，不足10英呎以10英呎計；長度25英呎；寬度4英呎6英吋；超過這些各自的額外收費，訂定範圍從20先令到80先令。

第 101 節　拉抽和軋製金屬等　（另見第234頁。）

2581. 彎材平台。用於鐵條。

第 106 節　門、人孔和蓋子　（另見第242頁。）

2582. 螺旋塞，用一根光面桿放在兩個吊耳之間將其旋起。

2583. 新形式的人孔門。

2584. 螺絲固定，用於栓塞、門或閥，快速釋放或緊固。

2585. 中空栓塞，有方形凹槽可插鑰匙或扳手。平頭塞。

2586. 出灰門。

2587. 漏斗栓塞，用於注入油箱等。

2588. 軋製鐵或鋼製人孔門，碟形。

2589. 烘箱門，頂部鉸鏈上留有足夠的間隙，可脫離掣子抬起。

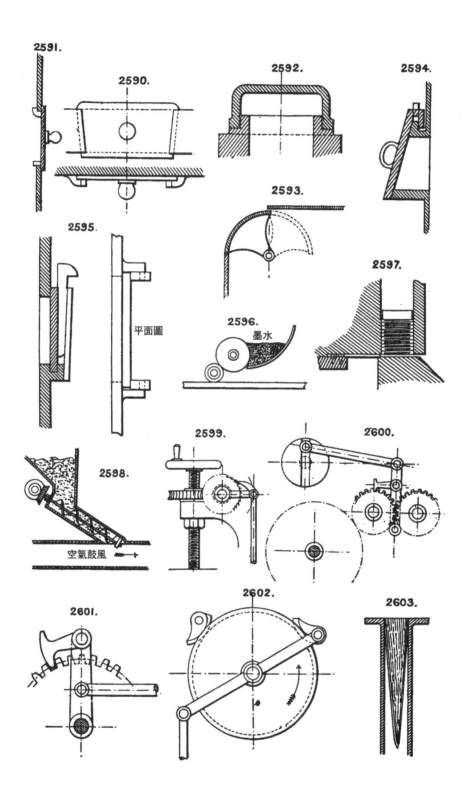

2591.

2590.

2592.

2594.

2595.

平面圖

2593.

2596.

墨水

2597.

2598.

空氣鼓風

2599.

2600.

2601.

2602.

2603.

2590. 出灰門。

2591. 截面同上，向外向下拉開。頂部的鉤子可防止掉出。

2592. 螺絲帽或蓋。

2593. 旋轉門。

2594. 拉門，用於鎔爐等。如圖所示，頂部的滾輪可減輕門的重量。

2595. 門或人孔，由兩個楔子支撐。

　　S形袪水器。D形袪水器。這些是隔開的艙室，或是管道的彎曲部分，設計上都包含一個水井，用以截斷任何空氣或氣體的流動，否則會沿著管道通過。

　　街道人孔和燈孔是圓形、矩形或橢圓形的蓋子，製作堅實可承載街道上的交通，安裝在堅固的鑄鐵框架中，方便拆卸，但實作是氣密的。安裝在下水道人孔上的蓋子通常配有木炭過濾器以阻擋污濁氣體。

第 107 節　進給裝置

2596. 墨水供給裝置，用於印刷機。

2597. 進票裝置。

2598. 進料蝸桿，有空氣鼓風。

2599. 手動或動力進給裝置，用於鑽床、搪床等。

2600. 牛頭鉋床等的進給運動，可反向。

2601. 同上，可反向。

2602. 摩擦棘爪的進給運動，靜音。另見 §62。

第 108 節　過篩

通孔盆。
同上，多孔固形物，如木炭。
同上，浮石、白堊等。
同上，多孔織物、法蘭絨、紙張等。
同上，海綿、鉑絨。
同上，沙子、礫石、煆礦等。
同上，線規、毛髮測定表等。
可反向過篩器，如「泰晤士河」等，礦石通過排廢管短時間逆流以自我清洗，從而洗出沉積物。

2603. 過篩錐。在管道內，由鋼絲布構成。

中英詞彙對照表